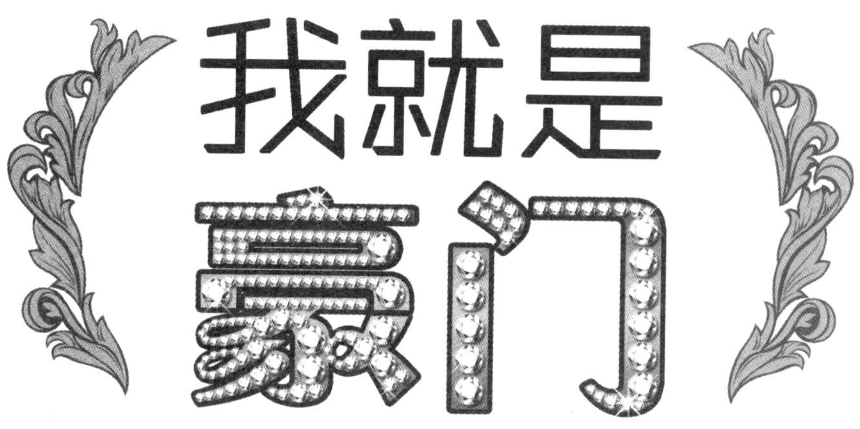

舒展 著

北京理工大学出版社
BEIJING INSTITUTE OF TECHNOLOGY PRESS

图书在版编目(CIP)数据

我就是豪门/舒展著.—北京:北京理工大学出版社,2011.6

ISBN 978-7-5640-4391-9

Ⅰ.①我…　Ⅱ.①舒…　Ⅲ.①成功心理-女性读物
Ⅳ.①B848.4-49

中国版本图书馆 CIP 数据核字(2011)第 056107 号

出版发行/北京理工大学出版社
社　　址/北京市海淀区中关村南大街 5 号
邮　　编/100081
电　　话/(010)68914775(办公室)68944990(批销中心)68911084(读者服务部)
网　　址/http://www.bitpress.com.cn
经　　销/全国各地新华书店
印　　刷/三河市文昌印刷装订厂
开　　本/660 毫米×960 毫米　1/16
印　　张/15
字　　数/180 千字
版　　次/2011 年 6 月第 1 版　2011 年 6 月第 1 次印刷
定　　价/26.00 元

责任校对/陈玉梅
责任印制/边心超

前言

人的理想是件很玄奇的事。上小学时，几乎所有的小朋友都写过类似十“我的理想”这样的命题作文。可在这些作文里，却没有一个小女孩敢写“我的理想是嫁入豪门”。

那时候的理想或许太过冠冕堂皇，以至于就连小小的孩子都不好意思说出亵渎或冒犯的字眼。可事实是，大部分的孩子在长大后都背叛了自己的理想，被生活、或者被那个真实的自己“逼”着投奔了一条从未想过的道路。比如，貌美如花的女子义无反顾地奔向了包装华美的豪门。

是的，豪门，这是21世纪的女子们心照不宣的理想。尤其是有点姿色的女子，莫不把“嫁个有钱人”当做终极目标。而“名人”和“豪门”，也在这个极速发展的商品经济时代，被撺掇着捆绑在一起，一荣俱荣，一损俱损。

图的是什么呢？花不完的钱？走到哪里都被当成VIP的虚荣？高高在上的快感？还是老公被无数年轻漂亮的女子死死盯住的如芒

在背之感？都有，就看你最在意的是什么。

人这一辈子，说白了，不过一句话：“一饱之需，何须八珍九鼎；七尺之躯，安用千门万户？”只不过，大部分的人想不开，非得把自己折腾成一个钱串子才肯罢休。于是，相对的，就有了一批为了嫁入豪门而不遗余力、费尽心机的人。

在这股大潮中，范冰冰秀眉一蹙，石破天惊地喊出一句“我就是豪门”。一时间，全国热议，舆论哗然。谁能想到，这个当年不过是“丫鬟”的小女子，居然能在十年后的今天，混成了“范爷”“范老板”“范团长”“范影后”？人不可貌相，长了一脸“花瓶”样，做的却是许多大男人都望尘莫及的大事业。别总去惦记别人那点绯闻，也没必要盯着别人那张娇媚逼人的脸不放，事实能证明一切：“范爷”能有今天这样的江湖地位，靠的不是脸，是能耐！退一万步说，敢说出“我就是豪门”的女子，这气魄就不一般！无怪乎“范爷”能雄霸荧屏，横扫影视圈。

比起“我要嫁入豪门”，“我就是豪门”显然更对女权主义者们的胃口，也更励志、更有冲击力。主语同样是“我”，传达的意思却不一样：前者是依附，后者是主导。而这两种关系组合起来，就是世界。

豪门一入深似海，你向往的那个世界不是那么太平。吃人家的饭，就得受人家的管，这是天经地义的。不管包装出来的幸福多华美、多炫目，都或许藏着一些不为人知的隐情，只是我们看不到罢了。

可是，我们也得承认，每个人都有追求更高品质生活的权利。

如果豪门符合你的想象，那你的追求也就算得上是货真价实的理想。人都有更想要的东西、不得不去抢夺的东西，只要你心甘情愿，那就一切都OK了。

这本书不能教你如何嫁入豪门，也不提供怎样奋斗成豪门的秘籍，只能提示你豪门欣赏什么样的素质。也就是说，我们可以倒推一个公式：如果你自己奋斗不成豪门，那就希望你嫁入豪门；如果依然嫁不进豪门，那就希望你身上具备豪门欣赏的素质。

你会在本书里看到一些成功的、不成功的豪门媳妇案例，看看她们是怎样做人做事的。但是，也仅供参考。你的人生，主导权还是在你手里。

舒展

2011年3月写于北京

目录

第一章 宁拿脑瓜换富贵，不用脸蛋求荣华

每个人都有追求荣华富贵的权利，区别就在于，聪明人拿脑瓜争取，笨蛋则一味地拿脸蛋说事。

这个世界，终究不是靠“形象工程”就能登峰造极的。有姿色固然好，但有了之后，并不意味着从此就天下太平。不要总去幻想用你的“理智”攻击别人的“冲动”，那无异于是在冒险，因为值得你理智对待的人和事，很可能比你更理智、更有盘算。而你如花似玉的脸能晃晕别人的时间是有限的，不会无限期地发挥功效。所以，在不一样的结果面前，不要总去酸溜溜地感慨别人命好。请你一定要相信：“豪门”不是拿漂亮脸蛋一刷，就能破门而入的。有姿色有智慧是最优的组合，如果没有姿色，拜托你：最起码有点智商吧！这不是法宝，是最大的罩门！

敢“奢求”，要“强求”

如果现在一个20多岁的人没有野心、霸气，那他是没有办法在这个社会上立足的，我反而会觉得这个人很懒惰。

——范冰冰

穷的不是命，是思路

从2009年年底到2010年年中，章子怡很倒霉。从“泼墨门”到“诈捐门”，身陷各种丑闻里的“国际章”风光不再，焦头烂额。至于从此以后，是结束她的时代还是打一场漂亮的翻身仗，我们就只能拭目以待了，时间会证明一切。而现在，我们要回忆的，是章子怡的成名发家史，是她如何从一个不名一文的小丫头，变成一度在娱乐圈呼风唤雨的绝对大腕。

我们都知道，章子怡是从张艺谋的《我的父亲母亲》起家的。张导的造星能力有多强，就没必要再次重申了。有悬念的是，章子怡如何在那么短的时间内迅速赶超第一任“谋女郎”，成为好莱坞的宠儿？

坊间曾有个说法，当年拍《我的父亲母亲》时，原本“父亲”和“母亲”的戏是一样重的。可后来为什么变成了“母亲”小章同学挑大梁呢？

大家应该还记得小章同学穿着花棉袄挑水的镜头。那叫一个纯真清新啊！清亮的眸子，青涩的笑容，清澈的爱情，把那段含蓄绵长的情感定格成了一幅经典的画面，看起来真的很美。可事实是，在此之前，在城市里长大的小章同学根本没挑过水。

没有生活，就去体验生活。这是成为好演员的基本功之一。

张导一声令下：“去练，你们俩都得练！”于是，好强的小章开始把挑水当成重中之重的大功课。剧组的人常常看到两大桶水在她那副小身板上执著地晃悠，大颗大颗的汗滴畅快且淋漓地浇湿了那片土地。小章皱着眉头、咬着牙，肩膀肿了又肿，她愣是一声没吭，生生地把挑水练成了“艺术”。想想看吧，在那片陡峭贫瘠的土地上，一个扎着麻花辫、挑着一担水徐徐走来的小姑娘是多么赏心悦目！也许她的发梢上还挂着清晨的露珠，也许她的笑容里还沾着阳光的气息，穿过一条条弯弯的山路，满怀期待地走来……多美！

跟这个画面完全相反的是：那位已经记不清脸的“父亲”只把这事当成了例行公事，也练，但纯粹是交差，耍好花架子就行了。

张导来验收成果，看了一眼后，回头就下达了一个新指示：给“母亲”加戏，给“父亲”减戏。于是，就有了我们现在看到的《我的父亲母亲》。

小章固然是努力且用心的。但对“局外人”而言，她身上最励

志的成分莫过于“野心”。这个姑娘传达出来的旺盛的企图心给人的印象实在太深刻了。谁会想到，这个抱着大花瓷碗哭的乡下姑娘，敢在张艺谋上台领奖的时候大无畏地跟上去呢？这又牵涉到另外一个传说。

传说，《我的父亲母亲》获奖时，因为颁奖嘉宾是巩俐，所以张艺谋比较顾忌，上台之前特地叮嘱章子怡不要跟着。结果，张艺谋前脚上台，章子怡后脚就跟着上去了。大庭广众之下，张导能让她下去吗？于是，在那万众欢庆的时刻，与章子怡灿烂的笑脸相对应的是：张导笑得尴尬且不悦。但是这有什么关系呢？小章同学已经如愿以偿地在众目睽睽之下露了脸、出了风头，这就 OK 了。或许，就是从那个时候起，观众们对章子怡的印象就发生了变化。从幸运的“谋女郎”到“野心家”，章子怡的转身华丽而高调。

娱乐圈本就是个弱肉强食的是非场。虚心使人落后，骄傲使人进步。平常心导致平庸，如果不会抢、不能争，只能等着被“吃掉”了。战场上不分男女，胜者为王，能赢的就是好汉。而章子怡最大的能耐就是：用野心争来了霸权。

“招娣”已经长大了，并且在这个圈子里越来越如鱼得水。

拍《卧虎藏龙》时，李安说：“章子怡很强悍。”章子怡对此的解释是：“我的强悍不在于指挥别人做什么，而是太明白自己想要什么。”

因为明白，所以更知道出什么招。

拍《卧虎藏龙》的时候，章子怡还不是“国际章”，没有强悍的票房号召力。她只是个备选。在李安导演心里，最合适的“玉娇龙”不是她。而且，她还只是好几个备选中的一个！可是，这并不影响章子怡的发挥。

机会这东西，它的忠诚度没那么高。如果只会缩在角落里对着它流口水，那就只能等着它叛变了。章子怡又一次抓住了机会，她决心要从后备选手里脱颖而出，有实力才最有发言权！这个身单力薄的小女子不声不响地专心去耍刀弄枪、练功、练剑，多苦多累都不吭声，这一坚持就是两个月。直到后来，没接受过任何专业训练的章子怡成了“半专业”人才，耍起刀剑来有模有样，连国际武打巨星杨紫琼都对她夸赞不绝，章子怡这才松了一口气，再一次凭借努力争取到了留在剧组的机会。

但作为一个新人，启用章子怡还是有一定风险的。虽然她已经在《我的父亲母亲》中崭露头角、有一定的知名度，但对国外的观众而言，她还只是个生面孔，不但缺少一呼百应的票房号召力，甚至连起码的影响力都不够。所以，虽然她人已经留在了剧组，却还是要随时做好被换掉的准备。要艺术也要商业，这是现代电影的现状，谁都不能回避。

面对如此巨大的压力，章子怡仍然没有临阵退缩。反正事已至此，既来之则安之，与其提心吊胆地瞎害怕，还不如踏踏实实地把工作做好了。于是，章子怡顶着巨大的工作和心理压力，每一天都要求自己做到最好，做到极致。其实，反过来想想，在这样一种情况下工作，真的能像表面上表现出来的那么轻松吗？所有人都在看着，不想输，却又没有多少胜算，就像在打一场没有把握的仗，还得拼尽全力地去冲，去打。这种“无望”的滋味，真的很不好受。

后来呢?

章子怡的不服输感染了所有人。据说她对工作的热情和努力程度，让剧组的很多人都自叹不如。

李安导演有个习惯：每天收工时，他都会给主要演员一个拥抱，特别是表现得好的演员，更是会格外热情和热烈。可章子怡进组后的五个月中，从来都没有享受过这种待遇。她每天都在片场多停留五分钟，却只能眼睁睁地看着李安导演欢快地跟周润发和杨紫琼等人拥抱。直到关机的那天，她才等到那迟来的拥抱。章子怡自己说：她永远都不会忘记那一瞬间。那个鼓励和肯定给了章子怡多少勇气，我们就无从揣测了。我们能看到的是：自此以后，章子怡完美地实现了她人生的三级跳，由国内的一线演员一跃成为了好莱坞的常客，“国际章”正式叫响。

成名后的章子怡更是把她那份大胆和野心表现得淋漓尽致。她在接受美国《底特律自由新闻报》的专访时说了一句硬话：“大家都说我这么年轻就能和那么多大导演合作，真是运气。但我在想，这些大导演之所以愿意和我合作，是因为我能做到他们喜欢的表演。”

这话一出，遭到了很多人的诟病：一个年纪轻轻的小女子，不过是刚刚红起来，立足未稳，凭什么这么大言不惭?你这是在挖苦别人达不到导演的要求吗?

这姑娘太“野”了，一点都不知道收敛!

每每说起章子怡，看不惯她做派的人们就摇着头如是说。可章子怡是谁?她根本就不会在乎这些“无关紧要”的舆论!她的胆量已经练出来了，眼光更长远、目标更肯定、定位更精确，她的人生必须、一定要非同小可。

可在势利的好莱坞混，不是那么容易的。就连成龙、李连杰这样的大腕，都在那里摔过跟头，何况是她这个乳臭未干、英文都讲不流畅的小丫头！好吧，想要在这片人生地不熟、又超级大牌的地方闯出一片名堂来，学好英文是第一步。

关于章子怡如何苦练英文，我们就不多加描述了。这不是重点，重点是，当时连“Hire me，please”是什么意思都搞不清楚的章子怡，是抱着怎样的心态站在斯皮尔伯格面前的。她说她根本不知道那句话是什么意思，但经纪人只告诉她只管说就是了。于是，她就不管不顾说了。这“不管不顾”的后果就是：斯皮尔伯格把“小百合”的角色给了她，让她在《艺伎回忆录》中与巩俐、杨紫琼等人飙戏。就像电影中巩俐给“小百合”的那记耳光一样，章子怡就是一路顶着这种种的打压和批评走过来的。可是，你有没有想过，如果换作是你，你敢不敢在底气不足的情况下，对一个手握生杀大权、决定你前途命运的大BOSS说“我可以，我能做到，请你给我这个机会”？

敢，你得到的或许就是一个天大的机会；不敢，你失去的也或许是一个更光辉的未来。而这，就是章子怡跟别人的差别：一直在做准备，没有准备的时候也随时做好冲锋的准备。谁说没把握的仗不可以打？不一定全是“艺高人胆大”，“胆大”才是“艺高”的必要前提。

再后来，章子怡一路向前冲：“福布斯”名人、最有东方美的

女性、国际巨星……可我们都知道，她的“野心”还不止于此，一直在不停地扩张。从她牛刀小试的《非常完美》中担任制片人开始，我们就嗅到了不一样的气息——她的追求已经不单单局限于一个演员的身份了。

在曾经的富豪男友 Vivi Nevo 的帮助下，章子怡认识了美国传媒大亨默多克的夫人邓文迪和米高梅电影公司主席 Florence Sloan，并跟她们联手在好莱坞成立了女版“梦工厂”。“国际章”的国际化道路似乎越来越宽广，而那条传说中的“康庄大道”也在这个东方小女子面前徐徐展开。

虽然现在事实已经证明“国际章”的许多豪言都只是个传说，甚至还有八卦记者条分缕析地把“国际章”的诸多谎言一一戳穿，如她被美国总统邀请到白宫做客的所谓荣耀，其实就是她站在通往白宫的大路上，拿着鲜艳的五星红旗对着镜头摆 POSE。再如，她所谓的盛装出席奥斯卡颁奖礼，也不过是个与白宫之行类似的骗局……但是，这一系列的“谎言”依然不影响章子怡的作为。她如日中天的时候，也一度让许多爱国爱民之士大为称赞：不管小章多跋扈嚣张，她毕竟为国人争了光啊！看待事物要辩证，要一分为二，一个普通人家出身的女孩子，能在几年的时间内迅速“脱胎换骨”，走完无数演员一辈子梦寐以求的路，光靠“幸运”来开道，是绝对不可能的。

章子怡从小就住在 13 平方米的筒子楼里，没见过“世面”。在成为张艺谋的女主角之前，也不过是个普通的大学生。她成名以后，曾有记者挖出她以前拍过的一些“垃圾”广告，造型土不堪言。可见“国际章”也曾经“乡土”过。可她最“值钱”的一点就是：在众多大导演面前，她从不胆怯，而是用行动告诉所有人“I Can”。这样一步步付出努力、一步步展示风采，才能在国际大舞台上翩然起舞，笑傲同仁。

讲个小故事。

淋淋和M君维系了两年的感情终于走到了尽头。淋淋一直以为自己的感觉是“解脱”，可那一天真的来了，却发现自己既伤心又失落，还非常不舍。而M君也是一副依依不舍的样子，也曾多番努力挽回。淋淋心想：既然都分手了，就索性断个干净，不要再藕断丝连、纠缠不清。于是，就狠心咬牙，死活不理会M君的殷勤。

这是为什么呢？说起来原因很简单：淋淋认为她跟M君门不当、户不对，不可能走到一起。而且，即便是勉强在一起了，将来也不会幸福。她只是个普通的中学教师，还比对方大三岁，而年轻帅气的M君却是个有学历、有名望、有能力的“官二代”。更难得的是：如此优秀的小伙子却没有不良嗜好，为人低调踏实，从不刻意炫耀。

姐弟恋、王子与灰姑娘的差异化组合，这两大因素让淋淋无法安心。见多了身边那些活生生的例子，让淋淋怎么也不敢肆意妄为：大姨的小姑的女儿嫁给了一个本地的小豪门，结婚不到两年就遭到恶意遗弃，只因肚子不争气，生了个不能继承香火的女孩；三舅的连襟的闺女“高攀”了单位领导的公子，结果孩子还不到一岁，老公就公然出轨了，公婆不但不制止，还劝她要“顾全大局”，有大度量才能地位稳固……

这样的事听多了，淋淋就无法克制地心里发毛。她曾经不止一次地问过M君：你到底喜欢我哪里？我貌不惊人、才不出众，怎么就让您给惦记上了？

M君总是深情款款地说：我对你是一见钟情。你第一次见我的时候，就一副兴致缺缺的样子，一点都没把我看在眼里。我知道，你图的不是我身上的光环，而只是我这个人。

淋淋无语。事实是：她第一次见到M君的时候，就没有任何“高攀”豪门公子的指望，她觉得不可能，就干脆不做不切实际的幻想。淋淋不是个拜金的姑娘，对有钱有势之人不是很感冒，所以才有了那副“兴致缺缺的样子”。只是，她没想到：自己的认清事实在M君眼里，竟然成了不贪图富贵！

爱情这东西，是不能靠理智控制的。尽管淋淋一再告诫自己要离M君远一点，可在他的锲而不舍面前，她还是心动了。于是，两人终于成了男女朋友。姐妹们都羡慕她找了一个多金、帅气又痴情的男朋友，可淋淋每次听到这样的话，不但不会开心，反而还忧心忡忡：“看吧，所有人都能看到这明显的差距，我们难道真的可以克服吗?”

终于有一天，淋淋被M君的家人给刺伤了。双方家长第一次正式见面时，为了让准亲家感觉到诚意，M君的父母请淋淋的父母去当地最高档的酒店吃饭，一顿饭下来，花了一万多块。淋淋一直清楚地记得，上菜的时候，M君的父亲满不在乎地说：“都是家常便饭，你们将就着吃，可千万别吃不饱……”

说者无心，听者却有意。淋淋心里不是滋味了：“你们这是什么意思？显摆你们阔，还是挖苦我们家穷？有意见就直说，用不着这么拐弯抹角的。”

因此，那顿饭淋淋吃的是味同嚼蜡，什么味都没吃出来。回家的路上，淋淋表现得很不开心。M君不明所以，小心翼翼地询问。淋淋等父母下车后，在楼下跟M君谈了一次，大意如下：我只是个普通的老师，每个月的工资不过2000多块钱。我的父母也是普通人，退休金加起来5000块出头。这个收入水平，在普通人眼里，已经算不错了。可到了你们家，连一顿饭的钱都不够。你别告诉我你不在乎，你的父母不可能真的不在意，要不然，你爸爸也不会一再地强调什么“家常便饭”。我们人穷志不短，不敢高攀，你还是找个门当户对的女朋友一起吃“家常便饭”吧！

M君哭笑不得：这又是闹的哪一出？他清楚父亲也没有刻意炫耀的意思，只不过习惯了那么说话，没想到就让淋淋的自尊心受不了了。说真的，有时候他真搞不清楚自己的女朋友到底是可爱还是可笑！为什么一牵扯到这种事，她整个人就像炸了毛的猫一样，不可理喻到让人无语的地步？只不过一顿饭而已，父亲的客气话在他看来也没什么大不了的，不存在炫富或打压的意思，怎么到了她那里，就成了不可逾越的鸿沟呢？

他也会累，也会觉得女友的无理取闹让他很头疼。可是，他舍不得两个人之间来之不易的感情，不肯答应分手。他觉得感情需要两个人共同来努力，需要适应彼此的生活，只有这样才能长治久安。

可淋淋却铁了心，义无反顾地离开了这个“多金男友”。她拒绝再见他，短信不回、电话不接，大有一刀两断的意味。淋淋的父

母劝她："你也没必要这么较真，别人过得不好，不代表你也不幸福，试试又何妨？"

淋淋却不这么想：如果注定了是一个错误，还不如直接让它消失在萌芽状态，免得将来大家都痛苦。长痛不如短痛，现在分手对两个人都好。

父母拿她没办法，只能叹着气走开了。

而M君那边，也焦头烂额、很不好受。淋淋不理他，父母也起了疑心。再三追问下，M君只得吞吞吐吐地说明了事情的原委。M君的父亲大怒，一拍桌子说："断了正好！这么难伺候的媳妇咱还养不起呢！什么自尊心强？就是毛病！你也别想了，又不是找不到老婆，趁早找个正常点的！"

父亲大人不满意，母亲也多有微词，M君真是举步维艰了。媳妇不容于公婆，是很要命的大问题。尤其是在他这种家庭，是不太可能为了老婆跟父母决裂的。而淋淋屡次为了这件事跟他闹，也确实让他有点不舒服。在他看来，淋淋总拿门第来说事，其实是自信心不足，不敢理直气壮地跟他站在一起。如果她自己克服不了，只靠他一个人争取，他们两个人是很难圆满的。最让M君无法割舍的是：比淋淋年轻漂亮的女孩虽然有很多，也有不少人明示暗示过，但那些女人大多都很虚荣，跟他在一起，图的也不过是钱财和地位，不像淋淋那么纯粹地喜欢他这个人。其实M君所求不多，只想要个真心对待他的人而已。

后来两个人又"纠缠"了一段时间。淋淋的态度越来越松动，越来越怀疑自己的坚持是否合理。她能感觉到M君是真心对她好，说想娶她也不是骗人的。举个最简单的例子：M君这位平时在家里十指不沾阳春水的大少爷，竟然会为了让病中的她多吃点饭，而挽起袖子来学着做她最爱吃的湘菜。

淋淋不是不感动。有时候她也会催眠自己：算了，试试又怎样？最多就是失败嘛！可她这好不容易才建立起来的信心，又被M君的父母轻而易举地打倒了。

有一天，M君硬拉着淋淋去参加一个同学聚会。因为高兴，就多喝了几杯，结果就醉倒了。淋淋只能开车把他送回家。到了M君家楼下，淋淋怎么也叫不醒他，只能给他家里打电话，让他家人出来接一下。

过了一会儿，M君的母亲和表妹一起出来了。态度不是很热络，甚至还有点不以为然。看在淋淋眼里，又有另一番解读。而且，她清楚地听到M君的母亲跟他表妹嘟囔："不是不想高攀咱们家吗？哼，也就是说说，有什么了不起的？"

淋淋知道：就算将来真的跟M君在一起了，自己一辈子也很难抬得起头。因为他的父母已经轻视她了，而心高气傲的她是无法容忍这种待遇的。

不用说，淋淋再次彻底地、坚决地、强硬地跟M君分手了。她声泪俱下地对M君说："我不求我未来的老公大富大贵，我也不稀罕被人巴结讨好的好日子，我只想找一个踏实上进、互敬互爱的男人。你不是我的菜，我也不是你的'理想型'，我们在一起是没有好结果的，分手吧！"

这次，M君是真的伤心了。他没有像从前那样苦苦地挽留和表

决心，而是脸色铁青地问她："你想清楚了？确定了？"

淋淋咬牙点头。M君看她一眼，扭头就走了。自此以后，他真的没有再出现在淋淋面前。

这下轮到淋淋难过了。她不想走进一个可以预见的悲剧里，却又在心里盼着M君还放不下她。可他似乎是真的灰心了，再也没来找过她。淋淋终于知道了M君当时苦苦等她回心转意的滋味。有一天，她再也控制不住，偷偷地跑到M君的公司，想去看看他。结果，人是等到了，可他身边已经有了另一个姑娘。

M君也发现了她，脸上却再也没有当初的狂喜和爱意。他淡淡地说：这个女孩是家里介绍的，除了有点娇纵之外没别的大毛病。而最让他满意的是，她从来不会觉得自己配不上他，是一个很好的结婚对象。他对爱情已经没什么向往了，只要能跟一个人相安无事地过下去，就于愿足矣，再无所求。

淋淋心里像针扎一样，一边安慰自己："我的决定是对的，曾经山盟海誓的他不是已经变心了吗？"一边却又忍不住猜测："如果我勇敢一点，我们或许就不会走到今天这一步。"

而事实就是这样。如果淋淋也有章子怡的那份自信和野心，就不会导致自己的爱人受不了她的"变态"自尊心而去选择别的女人。一个人首先贬低了自己，就无法让别人感知到她的优秀。越是权贵男人，越爱一份淡泊。他们感受过的尔虞我诈太多，反而更希望寻得一份安静，男人不一定就喜欢太漂亮、身价太高的女人。相反，他们可能喜欢一个贫苦家庭出身的女孩，只因为她拾起了不慎掉在饭桌上的一粒米饭而对她格外欣赏；他们也可能喜欢一个貌不惊人的平凡女人，只因为曾经听过她的一场学术演讲而被她的思想所折服。而每个女人都想找个爱护并敬重自己的男人，尤其是灰姑娘，总是情不自禁地产生自卑心理，而后转变成“变态”的自尊心，比起被爱护，被尊重的需求就更强烈。其实，那就是变相地瞧不起自己。

豪门必修课之——女人更要有雄心壮志

同样是不名一文的灰姑娘，章子怡能顶上“国际巨星”的光环，而淋淋却独自吞食着错过的苦果，原因是什么？

人与人之间，最本质的差别不是出身、相貌，而是对生活的态度。你能达到什么样的高度，不是别人说了算，而是由你自己当家做主。中国的传统文化奉行内敛谦卑，对女人们来说尤其为甚。在这样的审美观下，一个野心毕露的“狂妄”女人就显得很不可爱。但话又说回来，在无比势利和健忘的名利圈中混，想要立足、想要混出非同一般的江湖地位，没点野心和狂妄是玩不转的。说白了，这就是穷人和富人的差别。

看到了吧？穷人最缺少的其实是野心。不是“命”不好，是“思路”不对。所谓的门不当、户不对，不是永远的绝对值。贵族不是天生的，豪门也不是一日养成的，真正“富”的是心态、是思路！你是个平凡得扔到人堆里就被“淹”了的女人，这很重要吗？不，这只是说明你没有太大的优势，而反过来说，你大可以放手一搏，彻底地让自己的人生大翻盘。“Hire me，please”，就这么简单！

得到，才是最牛B的炫耀

传说邓文迪离婚了！

是吗？即便传闻是真的，那又怎样？她已经得到了想要的一切，不是吗？

她原本只是个普通的广州女孩，没家世没姿色，长了一张和三毛的风格类似的脸，皮肤不白、眼睛不大，还有一张在中国不讨喜的大嘴。按照一般人的思路，她会和所有的普通女孩一样，大学毕业后找份差不多的工作，接着再找个差不多的男人嫁了，然后过上一份差不多的生活，饿不着也撑不着，平平淡淡过完一生。可谁能想到呢？这个跟漂亮没缘分、站在人堆里不打眼儿的女孩，靠着不寻常的野心，顺利将自己带向了美国上流社会，成了传媒大王默多克的第三任妻子，进而成了默多克传媒帝国的“王后”！

一方面瞧不起，一方面又忍不住地羡慕，这是大多数人的心态。邓文迪的经历就曾经让许多人羡慕、不屑、嫉妒、恨。

1987年，不到20岁的邓文迪邂逅了人生中第一次改变命运的契机：她认识了来自美国加州的Jake Cherryde夫妇。并在他们的帮助下获得了学生签证，进入加州州立大学学习。据加州州立大学的同学说：那时邓文迪是所有同学中最有钱最敢挥霍的，她的笔记本永远都是最新款。不会挣却会花，当真是跟别人不一样。

而邓文迪去了美国之后，做的第一件“大事”就是撬了恩人

Cherryde 太太的老公，自己取而代之成了 Jake Cherryde 的新太太。尽管那个男人已经老得可以做她的父亲了，但是这不要紧，他可以帮她拿到她梦寐以求的绿卡。于是，貌不惊人的邓文迪借由第一次婚姻留在了美国这片土地上。

追求无关对错，只有值不值。这段老少配的婚姻里有多少爱情的成分，我们无从估算，可以确定的是：对于年轻的邓文迪而言，这是一个新的、有进步的开始。而接下来的发展也证明了许多人的猜想：这段婚姻只维持了两年零七个月！这个时间比获得绿卡所要求的时间只多了七个月，而如此恰到好处的时间差也是后来人们说邓文迪心机重的原因之一。

有了第一步就有第二步。既然已经走了一条多数人不认同的路，就没必要太执著于别人的看法。请你一定要相信：在你可能得到的一切面前，别人的反对态度连屁都不是！

从加州大学毕业后，邓文迪去了耶鲁大学读 MBA。在那里做了一段时间的“super”学生之后，邓文迪又一次抓住了一个天大的机会：在飞往香港的飞机上，她“恰好”坐在了她后来的老公默多克旁边。飞机还没到香港，她就已经轻而易举地得到了卫星电视公司总部实习生的工作。有了这个良好的开端，邓文迪人生的真正舞台已经徐徐拉开了帷幕，她的下一个目标是她的老板默多克。“意外撒酒”让她取得了第一次和默多克正式交谈的机会。方法虽然老套，但所有人都看到了效果。于是，跟在默多克身后出席无数重大场合的邓文迪摇身一变成了默多克的妻子。自此，她的辉煌时代开

始了。

这时候，邓文迪31岁。

但她并没有满足。因为她空守着老默那几百亿的家产，却只能看、不能继承，除非她有孩子。否则，比她大30多岁的老公一旦去世，她就会被扫地出门，而她还什么也捞不到。这可怎么办呢？

邓文迪可不是个轻易认输的主儿。就算每条路都堵死了，她也会不遗余力地打通新的出路。2001年11月19日，邓文迪和默多克借助先进的科学技术，将试管女儿格雷丝带到了这个世界上。2003年7月17日，邓文迪又生下了二女儿克洛伊。母凭女贵，这两个孩子的降生无疑为邓文迪的后半生赚下了足够的保障。

别去批判别人是怎么上位的。不管怎样，我们必须要承认的是：邓文迪相当聪明。她优异的成绩，绝佳的工作表现，都是最好的证明。尽管她在丈夫身后一直扮演贤妻良母的角色，但她凭借自己的社交风采赢得了“默多克形象大使”和“亚洲外交官”的美誉，还成功策划了一笔针对中国互联网的投资生意，得到了老默的肯定和大力支持。很多人说：默多克娶了邓文迪就等于娶了庞大的中国市场，他能放弃自己相濡以沫30年的妻子而娶一个外国的平民女子，其实是看中了她身后所代表的巨大利益。是吗？如果事实真是这样，这对夫妻的结合不过是各取所需，那么，为什么这个“幸运儿”偏偏是邓文迪而不是别人呢？邓文迪绝非国色天香、绝版人才，到底是哪里吸引了阅人无数的默多克？恐怕正是那份一般人无法比拟的“心机”打动了他吧？

从邓文迪嫁给老默的那一天起，她就被媒体冠上了谋财夺产的“阴谋家”的头衔。谁让她的老公是一个掌握着400多亿美元企业资产和100多亿个人资产的超级富豪呢？

“人生跌宕起伏，不管是顺境逆境，我都会找到美好的东西，使生活尽可能地完美。”这是邓文迪常说的一句话。她一开始就知道自己想要什么，并且为之“不择手段”地争取。先别去计较她用的方法如何，也别管别人是不是给她冠以了“阴谋家”的称号，她得到了她想要的，这才是最重要的。

离婚吗？争家产吗？这是另一个课题了。她已经有了超出N倍期望值的人生，不是吗？

豪门必修课之——向“阴谋家”致敬

当然，这个社会不提倡为了自己私利而不择手段，但也没人欣赏安于现状的平庸之辈。即使你有想要出类拔萃的心，在这个物欲横流的时代也已经不再是埋头苦干就能进步、脚踏实地就能成功的了。就如同一个演员多跑跑龙套、多加点练习就可以成为大明星的时代已经一去不复返了。

成功是需要捷径的，这是驾驭于野心之上的聪明。不用去憎恶“阴谋家”，高明的手段和策略永远是畅通无阻的保证。他们从不在意别人的眼光，只要认定了目标，就义无反顾地用他们自己的方法去努力和奋斗。结果已经说明了一切。他们的人生观是不是值得推崇，有赖于你自己的判断。但有一点是肯定的：这些“阴谋家”的

人生无不精彩且回味无穷。

清高是一种美德，如果你真的能够做到心如止水，那你也值得被人尊重；如果做不到，就还是义无反顾地扎堆到名利社会中去吧！只有得到了，才有资格被炫耀。敢“奢求”，要“强求”，你的人生也会与众不同。

高学历是通往豪门的 VIP 级通行证

你可以不成功，但你不能不成长。也许有人会阻碍你成功，但没人会阻挡你成长。

——杨澜

想要嫁得好，先要干得好

现实世界里几乎没有童话。能得到王子的倾慕，却不一定马上就能穿上水晶鞋。梁洛施和李泽楷分手了。围绕着两人的分手费问题，媒体又是一番热议，把这个曾经名动天下的王子与灰姑娘的浪漫故事生生炒成了一场闹剧：原来，最红的小梁姑娘不过是个昂贵的“孕母”，李公子压根就没有过娶她的意愿！

对此，李泽楷的发言人激烈地出面澄清：请大家不要侮辱他们之间的爱情，他们是真心相爱的！

是，相爱过，只是没相爱到可以结婚的地步。就算有了三个孩子，就算全天下都见证了他们的爱情，但还是没能修成正果。可惜

吗？可怜吗？不知道，只有当事人才能体会。

可不管怎样，梁洛施一路的忍耐和牺牲到底还是没有白费。即便最终没有入得李家门，她也不会“亏本”：别人生的是孩子，她生的可是金子！据传李泽楷为了奖励她生子有功，将价值上亿的石澳木屋和价值千万的邦德船送给了她。而在此之前，梁洛施就得到了李家赠与的一度排名亚洲十大豪宅第四位的超级豪宅。别说金钱俗套，没有物质，理想算什么？传闻中30亿的分手费已经足以让她一辈子都衣食无忧。这可是许多人奋斗一生也换不来的价码！而且，她还是“小超人”三个继承人的生身之母。单凭这一点，她的人生就已经是豪华至极了。

梁洛施有钱有名但就是没地位，还算是成功吗？值得推崇和标榜吗？这就看你怎么想了。在很多人眼里，梁洛施能从一个一无所有、受尽欺压的小丫头走到今天，成为港产灰姑娘，衣食无忧，后半生有享不尽的荣华富贵，已经“够本”了，足以让人羡慕了。

可是不好意思，中国是个传统的东方古国，有许多吓死人的规矩和舆论压力。没名没分的，怎么看都不像回事：给他生娃、花他的钱、住他的房、是他的女人，但不是他的妻子，这种身份，总是很尴尬的。说不在乎名分，那都是漂亮话。就像男人们说“我在意的不是名利”一样，总带着股得不到却又嘴硬的哀怨。

暂且不说他们的爱情，这不是我们这些旁观者有资格参与的。关于梁洛施为什么不能嫁入豪门，坊间有过多种传说，但比较统一的是：“超人”李嘉诚看不上梁洛施的出身学历。她没有接受过高等教育，只有初中学历。这样的女子，怎么能做李家未来的当家主母呢？而且，“超人”也一直反对儿子跟娱乐圈的女明星来往，对梁洛施的“戏子”的身份颇有微词。再加上梁洛施“精彩”的从艺经历，更是不符合豪门的择媳标准。

曾经有著名的命理学家言之凿凿地推测，梁洛施新生的双胞胎男婴非常富贵且旺母，极有可能帮助梁洛施一圆嫁入李家门的梦想。也有消息报道说，李嘉诚对双胞胎孙子的到来十分欣慰，龙颜大悦之余终于松口同意将梁洛施娶进李家大门。

现在事实已经昭示了结果：没有，什么都没有，小梁甚至连抚养权都放弃了。梁洛施漂亮吗？有性格吗？能忍吗？听话吗？答案无疑都是肯定的。可是，就算她是李家三个孩子的生身母亲，却一直没有获颁正印、入主李家。

作为一个女人，梁洛施迷倒李泽楷容易，赢得豪门家长的认可却很难。因为她没有清白的身家背景，没有接受过高等教育，所以，尽管梁洛施曾经誓言要追随孩子的爹一辈子，并且深居简出，完全参照豪门媳妇的规则行事：营造并保持良好声誉，听话懂事且行事低调，谨遵老太爷吩咐尽量少见报、少曝光，出席任何场合都要得到老人家的审批才敢行动……俨然一幅“二十四孝儿媳妇”的样子，却依然只是“梁小姐”的身份。

豪门是要礼要面的地方，规矩多、排场大，不是那么好对付的。尤其是白手起家的豪门，更需要锦上添花的点缀。而据记载，“超人”李嘉诚的祖上也是家学渊源、人才辈出。李嘉诚的曾祖父李鹏万曾经是清朝每十二年选拔一次的文官八贡之一，被传为佳话，称颂不衰。并且因其家族治学风气甚浓，知书识礼、学问渊博，在乡

村之中颇有名望，故地位极高。这样的家庭里，怎能容许出现一个不体面的媳妇呢？

从李家成为豪门起，代代媳妇都是非常拿得出手的大家闺秀：李嘉诚已故的妻子庄月明女士出身名门，受过高等教育，才貌双全，而且情义两全，是个让人敬佩的奇女子；李嘉诚长子李泽钜的妻子王俪桥也是名门之后，毕业于温哥华的英属哥伦比亚大学工商管理系，为人低调贤惠，清白无绯闻，堪称良配。那么，到了李泽楷这儿，又怎么能太过例外呢？未婚生子已经算是出格了，孩子的妈又是个没多少学问的“戏子”，怎么可能轻易过关？

有知情人士称，李泽楷特意安排梁洛施到加拿大求学，争取高学历、高修养，就是想以此博得父亲对她的认同。可惜啊，梁洛施还是没能等到那一天。

好吧，不管为了什么，感情破裂也好、第三者插足也罢，在那个无从探知的真相面前，我们这些局外人所能做出的最有力猜测就是：李家看不上这个没“文化”的媳妇。看不上，就够不着，就很难改变结局。

看来，受了多少教育、有什么学历，真的很重要。不管是为了下一代的教育，还是为了当下的面子，豪门都不会轻易接纳一个没“文化”的媳妇入门。三代能修炼成一个贵族，在这个修炼的大业中，媳妇是占了相当重要的分量的。别怪豪门势利，还是先来检讨自己哪个地方被人“挑拣”了吧！自己有底，别人才能有意。

在现代这个社会，想要嫁得好，自己先得做得好，有底气、有后盾，才可以跟别人谈条件，才有更多的话语权。通往豪门的路太窄，当然需要一张效用佳的通行证。身为豪门的媳妇，一定要有与之相匹配的身价与排场：有财、有色、有才、有修养、有气度、有清誉……请注意，这不是单选题，而是多选题，具备几分之一只能说是基础，具备多数甚至全部才有可能。

豪门必修课之——想被“求婚”，就得值得别人“求”

豪门婚姻，往往不是甲乙结婚，而是甲乙合作。你的条件匹配，就成功了一半。灰姑娘可以嫁给王子穿上水晶鞋，前提是先看好自己脚的大小是不是和水晶鞋的号码匹配，尤其要提前多做做足疗，脚的模样不好看不要紧，起码别有冻疮，要不然搭配起来不但掉了鞋的价，脚也不舒服，还遭人嫌恶。

社会对男人和女人的要求不一样，所以活法就不一样。一个男人可以没有文凭，只要证明他有能力，就足以被世人尊重；而一个女人没有文凭、没有资历，却又想“高攀”豪门望族，就有点不自量力了。人就是这样，如果做不到强强联合，至少不能太掉价，让人瞧不起。而且，无论在什么情况下，自我修炼都是必需的。我们还得承认，吸引力也是需要能力来凑的。想被“求婚”，就得值得别人来“求”。

如果你有嫁入豪门的志向，最聪明的做法是随时做好不断完善自己的准备；如果没有，那很好，只要你自己很优秀，你就是豪门。

没有最优，只有更优

先说个低学历媳妇遭遇高学历婆婆的事。

小琦跟婆婆第一次见面的时候就有些发憷。这个老太太第一眼看上去就跟平常的老太太不一样，说话、办事严肃而沉稳，还特别时髦。将近60岁的人了，还化着精致的妆，穿衣打扮也非常时尚，怎么看都比别人高了一截，很像是大户人家出来的。

老太太见了准儿媳，也没有像别家的父母那样一见面就“查户口”，而是悠然地聊起了国家大事：时下的经济动态啦，政治局势啦，说得头头是道。没说几句话，小琦就出了一身冷汗，这些事她平时都没怎么关注过，总觉得离自己太远，不该由自己操心。

可婆婆锥子一样的目光让她第一次开始反省了：“难道我也应该关注一下国情民生?”

没错，婆婆确实对小琦不是很满意。而且，在大学里当过教授的婆婆到哪儿都改不了好为人师的毛病，不客气地对准儿媳说：“我对你有两点要求，第一，你学历太低，只是大专毕业，这点让我很不满意。我们阿正是硕士，我原本的计划是媳妇至少要本科学历。这是符合优生优育学的，你应该也明白。但现在你们都已经谈婚论嫁了，我强行拆散了也不好，但你得有上进心，以后有时间了要自修，我喜欢有上进心的孩子。第二，你生活得太落后了，以后要注意关心国家大事。我简直不能想象你一个年轻人，信息居然如此不畅通！连身边发生了什么事都不知道，将来怎么教育孩子？难道你以为教育孩子只是父亲的责任吗？”

一番教育下来，小琦对传说中的厉害婆婆终于有了直观的认识。跟未婚夫阿正一“对质”，他居然得意地对她说：“我妈看人是出了名的准，一般人只要让她扫上一眼，马上就能现形。你啊，多跟她学习学习，肯定吃不了亏！”得，这个身为七十年代大学生的未来婆婆多难伺候、多权威，就不用细说了，先讨她老人家欢心才是正事。

结婚那天，小琦算是亲眼见识了婆婆的能耐：公公过世已经有五年了，可从前的那些老关系愣是让婆婆给维系住了。因此，婚礼上宾客云集、高朋满座，既排场又体面，让小琦的娘家非常有面子。

老爸临走的时候嘱咐小琦：“看样子，你婆婆可不是个好打发的人，要求高着呢！你啊，别大意了，得让她高兴了，你跟阿正才能过踏实。”

小琦也不傻，知道老爸说的在理。而且，她从老妈和奶奶斗了一辈子的“血淋淋”的遭遇中也深刻地体会到婆媳关系的重要性。因此，她婚后下了很大的工夫讨好婆婆。

可是，向来有优越感并且对媳妇不是很满意的婆婆却没那么容易被收买。

小琦恶补了一堆时事跟她套近乎，她却毫不客气地说：“不知道就是不知道，别装明白人。不知道并不可耻，可耻的是不知道却装作什么都知道。”

婆婆喜欢上网，喜欢玩网络游戏，还定期写博客。小琦为了跟

婆婆沟通感情，也请同事帮忙给自己申请了一个博客，上去大秀“我美丽的婆婆”。结果，婆婆冷着脸斥责她：“你想拍我的马屁没关系，能不能别写一堆错别字丢人?”

为了“上进”，小琦决定在业余时间进修，考个本科文凭。跟婆婆商量选修什么专业时，婆婆耷拉着眼皮说：“这种事都来问我?你自己没有主见吗?”

……

这样的事多了，小琦就恼了，忍不住跟老公抱怨：“你妈怎么这么难伺候?油盐不进、软硬不吃，到底想要我怎么样?”

老公一边哄她一边委婉地提示她：“其实你不需要刻意地降低姿态讨好，妈妈就是喜欢优秀的女孩子。你只要有本事了，她就愿意给你面子。说白了，这老太太就是‘欺软怕硬’。”

小琦终于明白过来了：“敢情老太太是觉得自己配不上她优秀的儿子，想方设法刁难呢！好吧，既然这样，您就等着接招吧！”

其实，小琦也是个有上进心的好姑娘。当年只是上了大专，有很大一部分原因是被家里的事分了心。妈妈当时跟奶奶闹得太僵，不想跟爸爸过了，非得要离婚。小琦情绪一波动，就无心学习了，再加上高考的时候发挥失常，就只混了个大专上。毕业以后，小琦一直想找机会进修，弥补自己当初的遗憾，可是却因为种种原因，最终没有实现这个心愿。眼下这事都已经威胁到自己的婚姻质量了，还不值得重视吗?这可正是大好的时机啊！

于是，小琦就郑重地把这件事提上了议事日程。

果然，媳妇一用功，婆婆的态度也松动了：“这才像话嘛！年纪轻轻的，不能没有上进心。多学习，得好处的是你自己。我对你高要求，也是为了你好。”

小琦点头称是。但她也很清楚：自己上进是好事，但绝对没有权利以此为借口逃避身为一个媳妇、一个老婆的义务和责任！简单来说，就是：该做的还是得做，做好是应该的，做不好照旧是你的不是。同时，也得挤出时间提高自己。而婆婆呢，只会在精神上支持并鼓励，却绝对不会在行动上“无原则”地支持——这是你自己的事，跟我有什么关系?

那段时间对小琦来说，是非常非常有记忆度的：要工作，并且必须要把工作做好；回到家还得伺候难缠的婆婆，同时又不能耽误了学习，业务提高和自学进修两把抓，什么都不能耽误。

婆婆不找碴了，老公又不满意了：“你天天跟机器人一样，干什么都得排着时间来，还要不要老公了？我们就不需要沟通感情了吗?”

逼急了，小琦也跟他吵过几次。有一次，她一时冲动就说出一句“要不是为了你妈的虚荣心，我至于这么拼命吗?”结果，好巧不巧地就让婆婆给听到了。婆婆大怒，狠狠地各打五十大板。她对小琦说：“我有虚荣心是不错，但也用不着你这么辛苦地来成全，不想拼命是你自己的事，别赖到我头上，我担不起这么大的责任。”她又对儿子说：“你老婆想上进，还给你丢人了？不是吵就是闹，是想打我的脸吗？没看到你媳妇把责任都推到我身上吗?”

小琦和阿正后来互相检讨了一番，并且达成共识和好如初了。后来小琦拿到本科证的时候，婆婆问她：“你这个证是给谁拿的?”

小琦衷心地答道："给我自己。"

说到这里，就得说明一下：阿正家也算是个小豪门，在当地有点名望。阿正大学毕业后跟小琦在上海打拼了两年，其实只为练手，最终还是要回家接手父亲留下来的事业。而代替他打理了几年生意的婆婆，自然希望将来媳妇能帮上儿子的忙，为他分担一部分压力。"夫有千斤担，妻担五百斤"，这是应该的。而小琦在被逼着成长进步的过程中，也确实感觉到了跟老公并肩战斗的快乐。

有一次，婆婆跟小琦说："一个女人想活得有安全感，除了要抓紧老公的心，还得自己足够优秀。你公公曾经出轨过，后来还不是回家了？为什么？他知道老婆比外面的女人'值钱'！不是我自己吹牛，你婆婆我能教书育人，也能在商场上运筹帷幄，哪儿都玩得转！咱们都是女人，我不希望将来如果也有那么一天，你却连一点自保的能力都没有。女人嘛，结了婚不离最好，就算到了最后一步，离了婚也能养活自己，过得舒舒服服的，这才算是本事。"

小琦知道，婆婆算是真正认了自己这个儿媳妇了。虽然老太太有点过于"唯学历论"，但出发点总是好的。要面子是一条，有长远目光也是一条。一个优秀的女人未必就会婚姻顺遂、一世太平，更不会因此而杜绝"小三"或者"审美疲劳"，但总是会比别人多一些底气。而且，自己层次高，就会吸引更有层次的男人，这也是事实。优秀，不是终点，只能算是一个新起点。故事里的小琦必然是个优秀的姑娘，要不然也不会吸引阅人无数的"富二代"老公的眼光，能拿住一个男人并让他开口求婚，除了爱情，还得有别的东西来压阵。尽管她还算优秀，可在婆婆眼里，却不是"最好"的，依然有需要改进提高的地方。而事实也证明小琦的“更优”计策是有效的。

中国有句古话：学无止境。千万别以为你已经很优秀、很了不起了，这是一个相对值，不是绝对值。世界在变、人在变，如果只有你不变，就很容易被落在后面。小琦这个例子说明了什么？我们不能赞扬她婆婆的“唯学历论”非常先进，但至少能从中看出一点：豪门不分大小，都格外钟情优秀的儿媳妇。说是为了创造优秀的下一代也好，图个装点门楣也罢，一个本身就很优秀的女孩子，挑选别人的余地会更大一些。在“选择”和“被选择”之间，你愿意被划归到哪个行列？

豪门必修课之——优质女人的淘汰率低

知道贵族家的女孩为什么要接受高等的教育了吗？良好的学养才是她们“贵”的根本。钱再万能，毕竟也不能垄断一切。在钱的“俗气”和漂亮脸蛋的刺激不能取得压倒性的胜利时，这种叫做学识风度的东西就该闪亮登场了。

说是学历，其实也不是专指一张文凭，更本质的应该是学识、修养、气度、能力。这些东西综合起来武装到身上，就会成为一个优质的女人。而先成为一个优质的女人，才有更多无限可能和光明的“然后”。在这些“然后”里，你可能是某个豪门心仪的好媳妇人选，也可能是某个领域独当一面的人才，总归是被抬举的、被肯定的。你可以进行反选，甚至还有资格淘汰别人。这才是强硬的现实：一个女人越优质，淘汰率越低，而相对应的就是生活层次越高。

豪门欣赏给力的代言人

说得实在点，我范冰冰就是卖点。

——范冰冰

别人拼爹，我拼能耐

大S终于如愿“婚”了，嫁给了年轻有为、英俊潇洒的“富二代”汪小菲。闪恋、闪婚，高调地秀幸福、高调地变身豪门新贵妇，在这个浮华到不可一世的娱乐圈里活生生地演绎了一出“公主联姻记”。

说她是“公主”，不是因为她系出名门、有高贵的血统撑腰，而是她在娱乐圈打拼多年、以强悍的“江湖地位”成就了这样的功业。她打败了年轻貌美的“星女郎”，搞定了强悍精明的女强人婆婆，一路畅通无阻地取得了那张通往豪门的通行证，别说她运气好，也别说她模样俏，人家是真的有能耐。

有人曾帮大S算过一笔经济账：汪小菲有钱是没错，但大S却也不算高攀。台湾综艺界的一姐，吸金能力自是不容小觑。瞧瞧大S出来进去的排场，就能看出她的身价不菲。况且，白手起家的汪家那道门也没“豪”到不可一世的地步。往前倒退10年，俏江南才刚刚“出世”，而大S已经算是娱乐圈里的“老新人”了，并出演了那部让她红遍大江南北的《流星花园》。所以，这一家人的发展轨迹，从时间上看是平行的、从规模上看也是有可比性的。所以，大S这场婚事，叫“下嫁”不妥当，叫“高攀”没必要，叫“联姻”才最合适。而那若干幸福得一塌糊涂的豪门媳妇们，在听到别人说她们是“好命的灰姑娘”时，会不会有点小小的遗憾？因为有时候，有底气就是有保障，有保障就是有战斗力。

在这场高潮迭起的故事里，我们津津有味地观看了从被怀疑是炒作的闪恋消息传出、到公开承认、再到闪婚的全过程。而在这当中，当然也包括豪门婆婆张兰的态度。“我没参加就不算数”还热乎着，马上又形势大逆转，变成了婆媳一家欢的美好景象。张兰说，这个女孩子非常优秀、非常懂事，我很喜欢；张兰还说，这么好的女孩子肯嫁给我们家，是我们家的福气……而如果我们没记错的话，汪小菲的前女友、貌美如花的张雨绮小姐，高调地跟他恋爱了一年多，却从来都没能赚到“准婆婆”如此的夸赞和肯定。为什么呢？因为她不是大S，她不如大S会做人，她没有大S这样的号召力。

无论在哪种社会体制下，想不被婆家看轻，娘家的鼎力支持固然是一个重要因素，最关键的还是本人得有两把刷子。不管是能拿得住公婆，还是能拿得住老公，甚至是撑得起家业，总之，要有“给力”的一项技能。

在以前，名门望族讲的是门当户对。道理很简单，他们需要血统和能量的强强联合，需要借由这种复加力量求得地位的稳固。而现在，这种需求依然存在。女明星把眼光盯向豪门的时候，豪门也顺势盯住了她们。一方图的是后半生有靠，一方图的是面上好看。说白了，豪门也需要代言人。就像奢侈品大牌们总喜欢找大腕来代言一样，财富膨胀到一定地步的豪门们似乎也瞅准了由女明星们来为其家族增光添彩带来的商机。

这是一个讲究名人效应的时代。这家的奶粉、那家的复读机，只要有明星捧着出来“推荐”一番，消费者们在掏钱的时候总会下意识地多看上两眼。同理，女明星们嫁给了谁，谁背后的公司就会沾上名人的光环，就会天下皆知、就会受到粉丝们的拥戴、就会成为许多人的首选。当然了，我们也不能一棍子打死所有人，全盘否定这些“豪门娶明星”的婚姻的情感真实性。能走到一起，肯定是对眼了、爱上了、憧憬过白头偕老的。可是，我们更不能否定的是豪门的功利性。看看吧，那些嫁入豪门的女子，有几个是彻底的寒门？没财就得有本事，没本事就得有名，没名就得有貌，什么都没有，那不好意思，你基本上是跟豪门绝缘了，还是不要惦记了。

我们再回到上面的话题。有人猜测说，张兰能爽快地同意儿子的婚事，并且对大S赞不绝口，除了大S会做人之外，还有一个很现实的好处让她无法拒绝——俏江南要进军台湾了，而且传闻还要上市。别的不好说，俏江南进军台湾，除了大S，还有谁能有那么大的号召力影响台湾的民众？“美容大王”往那儿一站，就有许多人争着埋单。于是，这桩婚事就造成了一个双赢的局面：一方越炒越红，一方越炒名气越响亮。在此之前，大S固然“彪悍”，但也没能持续地占据头版头条，让媒体记者们两眼发光；俏江南固然名声在外，但对许多人来说还相当陌生，甚至于有人还根本不知道。可现在呢？大S越来越火，并且已经和俏江南捆绑在一起了，汪公子新做的地产项目和酒店也大白于天下。

我们姑且不去评论过程，但结果确实如此。那么，张兰又何乐而不为呢？况且，这个媳妇名声也不错，事业又蒸蒸日上，做人还很到位，儿子又一见钟情“发烧”到闪婚。于是，年龄不是问题，职业不是障碍，“尊重他们年轻人的意愿”，继“星爸”“星妈”“星二代”之后，“星婆婆”横空出世，相当有范儿。

现在，大S的婚礼也如期举行，光婚宴就砸了250万包机！瞧瞧，这就是女王的排场！放眼整个娱乐圈，几个女星能有这样的大手笔？夫家、男朋友家出钱不算，自己掏腰包才算是真“夯”。除了20万包机领奖的范爷，大S可谓是未有敌手。正如徐妈妈最常挂在嘴边的一句话：“我家宝贝是因为喜欢表演才走这条路的，尽管我一点都不喜欢，而且我们家也不需要靠她们赚钱。”单凭徐氏姐妹“看心情赚钱”的底气和豪气，就足以让人礼遇三分：人家不指望这个吃饭！

这就是娱乐圈女星们的命门。人类再高雅，也摆脱不了本能的控制。没有强大的经济基础支撑，上层建筑就会摇摇欲坠。

看到这里，你明白了吧？豪门再开明，也要顾及他们的脸面；爱情再伟大，也需要实力的辅助。选一个“给力”的代言人，是豪门们遭遇女明星后的终极抉择。大S出手阔绰，贵为台湾姐妹帮的老大，自有一种女王气场。加之她又会“软硬兼施”，深谙做人之道，又怎能不对豪门的脾胃呢？大S十七岁出来混，纵横江湖数十载，虽然没有强大到让人发晕的后台，也称不上天姿国色，但打拼多年后，终于混成了台湾的一姐，人脉、地位、影响力皆非比寻常，没人敢得罪，显见是很有两把刷子的。一个人人缘好，不一定是人品好，是因为会做人；一个人强势而不惹人厌，不一定是权势熏天，是因为会收买人心。而这两点，说得励志一些，就是：知进退，懂礼数，深谙做人的艺术。这样的人，不光豪门欢迎，普通人也会喜欢。

好吧，豪门太少、候选人太多，大部分的人最终没有杀进豪门的机会。而有志气的女子，也不会强求豪门的眷顾。可是，你却可以要求自己具备这些豪门们心喜的素养，为自己增加一些筹码。这样，无论在哪里混，都不会“凄凄惨惨戚戚”。所以，如果拼不起爹，就拼能耐吧。不靠“爹”的照拂，自己杀出一片天地，才是新时代女性最给力的活法。

有的妈妈言之谆谆地教导女儿：女人最伟大的事业是嫁个好男人。OK，妈妈的话我们一定要心怀善意地评判。可是，把所有的成就和幸福系于一个男人身上，保险吗？脸蛋有保鲜期，爱情有保质期，唯有真刀实枪的本事才不离不弃。

豪门必修课之——相信男人，别依赖男人

向往婚姻，别纠缠于婚姻。除了男人，你还可以有更有尊严、

更有底气的活法。如果你有时间羡慕别人的好运气，就完全有时间让自己成为被羡慕的对象。众生是不可能平等的，人类永远需要阶级的存在来突显某些人的优秀。所以，在你意识到自己不需要靠任何人的力量就能高质量地生活在这个世界上时，你就会明白自己有多幸福、多了不起。而且，你也会更加确定：优秀是一种主动而矜持的姿态，一个优秀的你站在那里，就已经是种强大的吸引。物以类聚，层面上拉近了，距离就近了。在越走越近的时候，你就已经融入一个优秀的圈子，而你的生活也会更广阔。到时候，你不需要高攀任何人，因为你已经成了别人高攀的对象。有的人或许会不喜欢你，但绝对不能质疑你，因为你能、你可以。

有本事，才能抢到

范冰冰做客湖南卫视《快乐大本营》时，主持人何炅问了她一个很麻辣的问题：

“有人说你是戏霸，一年拍了七部电影。但据说有些戏是你抢来的，有这回事吗？”

范冰冰淡定地、慢悠悠地说：“你得有本事才能抢得到。”

瞧瞧，果然是“豪门”！能说出这种话来的女子，自是不凡。后面会有专门的章节研究“范爷”，此处且略过不提。在这里，我们讲一个离我们更近的“抢戏”的故事。

故事的两位女主人公小何和小贾，都是野心勃勃的年轻姑娘。

小何重点大学毕业，专业对口，又一股子冲劲，是公司的重点培养对象；小贾学历不如小何高，样子也不如她好看，为人却很高调。小何看不上小贾，觉得此人不务正业，还满脑子歪门邪道，怎么看怎么讨厌；小贾也不欣赏小何，觉得她心高气傲，不太好相处，还处处摆出一副高人一等的架势，很不招人待见。可大家毕竟是成年人了，虽然不喜欢对方，也心知肚明对方对自己没好感，却还是维持着面上的友善。相见的时候一团和气，一转身又各不相干。

可是，她们两个还是不能真正意义上的和谐起来，因为她们存在着实质的利益冲突。

小何的专业能力强，领导很重用她，处处给予关照，时不时还物质、口头激励一下。而小贾呢，其实是走后门进来的。她有一个表叔曾经是相关部门的领导，在位的时候把她安排了进来。不用说，小贾专业能力上是有欠缺的。表叔在位的时候，领导们还很客气。后来表叔一下台，感觉马上就不一样了。人走茶凉，这也正常。好在小贾平时人际关系不错，跟领导们也处得来，而且为人上进，倒也不至于马上跌到地上去。小贾心思活，早就想到了这一天，一直在暗中做准备。比如，她坚持在业余时间自修，提高专业素养；再比如，她很注意维护跟领导、同事的关系，积攒了一定的人脉资源。这些都让她越来越有底气。

几年下来，小贾渐渐地跟小何平分秋色起来。两个人同样是部门的骨干，同样得领导的赏识和重用。小何一直不服气：她有什么了不起？不就是会说好听的吗？

其实说句公道话，小贾尽管紧追慢赶，在专业上还是比不过小何。但她胜在整体的战斗力。怎么讲呢？同样一件任务，交给小何可能需要10天，可交给她却只需要一周。这省下来的三天，完全是团队的协作性“抠”出来的。说白了，就是小贾的团队协作力更强一些。小何一个人再优秀，无法最大限度地刺激团队的积极性，做出来的项目也只能打80分；小贾本身不是特别优秀，却总有办法让别人来为她加分，做出来的项目也能打到80分，有时候还会更高。

领导都是很“势利”的，永远都会在第一时间发现员工的利用价值。小何和小贾的PK随着战线的拉长渐渐有了分晓——小贾压过小何的次数越来越多，小贾得到的笑脸也越来越多。

小何坐不住了。她一直是有个小梦想的：成为公司的高级主管，享受更高级的待遇。可照这样的局势看来，自己岂不是越来越没有胜算？尤其是小贾最近已经抢了她好几次风头，不管大事小情，她都来横插一杠子，抢名夺利的事没少干，实在是让人忍无可忍。随着部门总监的离职，两人的斗法更是到了白热化的地步。

部门总监一走，这个位子就空了出来，而且领导的意思是从内部提一个，人选就是她们两个之一。小何和小贾都来劲了，都势在必得。领导说得很给面子：“你们俩我用谁都放心，放弃谁都不舍得，好好表现吧，谁来坐我都高兴。”

得了，话放出来了，剩下的就全凭自己了。

关键时刻，小何终于肯承认自己的群众基础不如小贾了。她开始想办法弥补，参考了诸多职场秘籍，请教了多位职场达人，又是陪聊又是借机请客，总算是亲善了不少。当然了，她也知道专业分更重要，一点都不敢放松手头上新项目的开发。

而小贾呢，本来人缘就好，没有必要在这方面刻意下工夫。专业上的事呢，则采取了守势，毕竟她从起点上就输给了小何，想突击取胜基本上没可能。她另有杀手锏。

一个月后，大老板宣布小贾成为新的技术总监。理由是小贾协助客户部为公司拉来了一笔大业务，证明她不但跟客户部的沟通很顺畅，而且还有一定的资源可以为公司服务。再加上本人的专业能力也有足够的说服力，完全有能力胜任技术部的总监。

小何气得要命，干脆去找领导说理。她认为小贾胜之不武，无论是资历还是专业能力，这技术总监的位子都该由自己来做。毕竟她们是技术部门，应该用专业能力说话。小贾来抢也就罢了，做领导的怎么也能姑息呢?

领导的回答跟范冰冰的说法有点类似：“你总在抱怨她抢，抱怨我们不给你主持公道，可你想过没有，人家之所以能抢走，是因为她确实有那个本事。你别管那个本事是不是你能认同的，但至少我们是看到想要的结果了。你需要用专业说话，而我们只需要用结果说话。”

小何惨败而归，却无计可施。

有本事，欢迎来抢；没本事，抢也抢不走。所以说，在某种程度上，敢“抢”是能力的证明。在你具备承担“争抢”的后果的能力时，所谓的“抢”就成了“拿”，而别人也只会欣赏你争抢之后造成的“后果”，却不会留意你争抢的过程。

范冰冰是“戏霸”，却用无处不在证明了她在这个圈子里的能力和态度；小贾凡事喜欢抢名夺利，却用事实说服了“势利”的领导。还是那句话："你抢到了，我赞美你能干；你抢不到，我质疑你的游戏资格。而能否抢到，全凭你有没有本事。"

这个"本事"因人而异，无法具体地罗列出来。往大了说，是"适应当时情境和未来需要的战斗力"；往小了说，是"得到你想要的东西的武器"。嫁入豪门要有，奋斗成豪门也要有，想要"给力"，首先要"有力"，这是一个务必要遵循的逻辑和顺序。古人讲：将欲取之，必先予之。这句话同样可以拿来激励自己：在你想要得到"很多"的时候，一定要先拿出"许多"来投资，将来才有可能有回报。如果只想着先挤进去再扬眉吐气，就有点本末倒置了。

如果你有心，就会看到现在声称自己是豪门的"范爷"，也是以这样的顺序按部就班地来的：十年前，她还只是金锁的时候，出现在《快乐大本营》时亲切得过了头；而十年后她成了"范老板""范爷"的时候，她还是会亲切地笑，可是这亲切里却俨然已经带上了一点"冷"。所谓的"摆架子""耍大牌"，常常是顺势而生的，甚至可以说是必然趋势。因为在你有底气的时候，可以拒绝、可以有情绪、可以要求愉快地工作和生活。

如果有一天，女孩子们能满不在乎地说"比起嫁入豪门，我更倾向于奋斗成豪门"，可能就活得更健康了。因为她们已经懂得怎样才是正确地得到。

豪门必修课之——强悍的力量

别误会，这里的"力量"不是要你力大无穷。有一项足以鹤立

鸡群的真本事才是王道。豪门的“势利”，在真刀实枪面前总是格外客气。这是你谈判的筹码、入主豪门的必备资格之一。你可能格外会做人，可能貌美如花、身家清白、积极向上，甚至有可能具备不输于男人的战斗力。这些，都可以称作力量。

豪门深似海，时不时就有翻船溺水的可能。如果你只是处于“被选择”的地位，那么，在风浪面前很容易被淘汰。只有那些可以镇住豪门的人，才更有底气。

所以，我们经常在花边新闻里看到某某明星的婚姻出现了问题，“小三”入侵、老公出轨，但为什么有的人风光地击退了小三、高调地挽着老公出来辟谣，而有的人却只能无奈地成为下堂妇？

不是靠脸，是靠智慧。有“力量”的人，永远不会输得血本无归。

豪门里最“豪”的不是门，是赚钱的资质

有出息的人付给银行利息，没出息的人才眼巴巴地坐等着收银行利息。

——李碧华

我有资格炫富

杨澜算是女人圈里的不老传奇了。从风头最盛时的势不可挡，到现在的风采依旧，这许多年下来，俨然已经成了女强人里的常青树。就连向来嚣张跋扈的王朔都把她视为偶像，魅力自是不容小觑。

虽然杨澜的风评向来不错，可毕竟是在名利圈里混，总会出现一些不大不小的负面新闻。比如，她珠光宝气地出席一个饰品风潮发布会时，就曾被一些人批评炫富。观众们好像对知性大方的杨澜大秀美戒、耳坠、项链这件事有点抵触，可能在心理上觉得这种行为不太匹配杨澜的气质。有网友称杨澜是在炒作，也有人干脆就直接批评杨澜这个举动无异是在打自己的脸。可话说回来，以杨澜如

今的地位，需要用这种低劣的手段来炒作吗？就算她真的是炫富，也有这个资格吧？

从《正大综艺》里的清新女主持，到如今的王牌睿智型女主持人，杨澜的“变身”经历是传奇而智慧的。有几个人舍得在自己最红的时候急流勇退去求学深造呢？怕被健忘的观众遗忘，怕被多情的市场淘汰，怕被突飞猛进的行业冷遇……在这许多“怕”里，当年的杨澜顶着巨大的压力出国了。

美国的求学经历，让她首先丰富了专业内涵，并接触到了成功的媒体人及先进的媒体理念。留学回国后，她将这些经验融入到新的事业中，越做越稳，越做越顺手。从《杨澜工作室》的主持人到阳光卫视的主席，杨澜一步步拥有了世界级的知名度。而借由工作之便，她也结识了许多重量级的名人并稳固了与他们的关系，这无疑为以后的“挣钱”计划积累了资本和条件。到现在，“杨澜”两个字已经成为一个品牌、一块充满无限商机和赚钱机遇的金字招牌。她的富豪老公是有钱，没错，但她本身也已经是当仁不让的“豪门”。

杨澜的丈夫吴征，是一个拥有双博士学位的才子，很早以前就在海外被称为年轻的华人实业家。这一对夫妻的结合，堪称是强强联合式的“梦幻组合”。两人一联手，就成就了一份重量级的大事业——“阳光文化”。

阳光卫视成立不久，杨澜就连续两年登上《福布斯》中国富豪榜，成为“中国内地最富有的女人”，也使得阳光卫视一起步就占尽了优势。可在商场上混，哪有不“挨刀”的。有高回报，就得面对高风险。谁能想到，全球性的经济危机来得那么迅猛呢？原本一路飙红的“阳光文化”也被这股危机撞折了腰。眼看着夫妻二人的心血就要毁于一旦，关键时刻，杨澜多年练就的危机公关能力发挥了作用，她开始转型进军网络和 IT 业，与四通联合成立了“阳光四通”，让“阳光文化”摆脱了近两年的亏损。后来，“阳光文化”又更名为“阳光体育”，杨澜辞去了董事局主席的职务。让出阳光卫视七成股份，让很多人都认为“杨澜把自己卖了”。是这样吗？

事实是，杨澜要把“阳光文化”进行一次战略性重组。后来的结果也证明了她的用心良苦——“阳光文化”资产值飙升百倍。

尽管如此，在激烈的市场竞争面前，“阳光文化”的前景仍然不容乐观。传媒业的丰厚利润引得无数人趋之若鹜，不断地有新人进来抢摊，也不断地遭遇着老资格的顽强抵抗。于是，整个市场的情况就是：全世界的传媒业都在绞尽脑汁地吸引观众的视线，而观众只有那么多，到底怎样做才能让胃口被养刁了的观众移情别恋或者矢志不移？

对此，杨澜的战略是：加大力度完善电视内容。只有这样，才能在全球媒体占据雷打不动的地位。于是，杨澜开始专心投入到文化电视节目的制作和社会公益事业上。这个一箭双雕的举措不仅实现了吴征推崇的“内容为主”的理念，也跟杨澜对电视制作供应的理想非常契合。结果不消细说，所有人都看到了杨澜辛苦努力的成果。而她本人，也被连续冠上了“基金会主席”“慈善家”“知名主持人”“全国政协委员”等诸多头衔。

说实话，杨澜不是很漂亮，她走的从来就不是貌美如花型路线。

可“豪门”老公吴征为什么选择了她？明眼人都知道，这是一场以智慧取胜的情感角逐。杨澜和吴征，既是搭档，又是知心爱人；既是伙伴，又是相濡以沫的恩爱夫妻。吴征曾经说，拥有这个名人妻子，幸福代替了压力。

一个男人不会因为拥有一个太过知名的妻子而感到压力，一方面说明他本身很优秀，另一方面也说明这个妻子非常聪明、非常善于处理家庭与事业间的微妙关系。谁说女强人不能有幸福的婚姻？这不正是一个活生生的例子吗？

有人说，吴征创建“阳光文化”，从私心上说，是为了给杨澜创造一个电视平台，让她能更自由地发挥。而杨澜也的确需要这个更大的空间来释放自己的才能，事实也证明她完全有能力驾驭这份事业。当我国香港乃至全球的电视企业都对她刮目相看时，吴征的决定如何“英明”就不需多言了。她有资格得到这份“私心”的期许，正如吴征有底气为她开拓一个全新的平台。

如果没有杨澜，吴征或许只是一个成功的实业家；而有了这个名人妻子，再借由他们共同的事业，吴征就成了一个有文化含量的、厚重儒雅的实业家。这两者是有差别的。同样的，如果没有吴征，杨澜可能也不会有今天这般恢弘的事业。她或许依然是著名的主持人，却不一定能华丽若斯。

再者，论气质，杨澜也绝对能秒杀巩俐、张曼玉等国际巨星。古人讲：腹有诗书气自华。而杨澜身上那股大气凝练的华贵气韵，正是经由良好的修养、深厚的积淀散发出来的。不以外在取胜，才更经得起琢磨、更不容易被时间遗忘。不吃青春饭，任时光流逝，反倒更显其高雅。如同越陈越香的美酒，从来不担心时间的刁难：无论风吹浪打，我犹自闲庭信步。

好吧，再回到开头的话题，以杨澜的资历和本钱，就算成心炫富，也是应当应分的吧？她家的“豪门”能耀眼至此，可不是吴征一个人的功劳。能旺夫又旺己的女人，向来是豪门的抢手货。他们再势利，也不会拒绝这样的超优级人才加入。而且引进的本钱之高、筹码之重，也让人咋舌。

豪门之所以成为豪门，不是因为他们血统优良、出身尊贵。第一代就是豪门、并且始终如一地承袭到现在的名门世家几乎不存在。“神七”上天了，“嫦二”奔月了，这个世界上有多少所谓不可能的事？有的人能赤手空拳打造一个豪门，有的人生于豪门却终而乞丐。你见过哪个人靠着银行的利息暴富成为超级大富豪的？

没有高贵的血统撑腰，就得靠实打实的本事说话。一个人有多少发言权，取决于他有多少能耐。说别的都是废话，会赚钱才是成就豪门的必备基础。而豪门的潜规则之一就是：“我们‘豪’的不是门，是赚钱的资质。”

豪门必修课之——让自己“被需要”

人之所以有价值，就是因为被需要。这个世界的本源活动就是不停地交换，并在这个过程中各取所需、得到自己想要的东西。女人们需要豪门内的富贵和荣耀，所以花枝招展、义无反顾地冲向了豪门男的怀抱；富豪们需要美女的美色提神养面儿，就手一挥、钱

袋一松，招揽了众多投其所好的花样女子。至于这些豪门男是不是已经具备当爹的资历，是不是长得抱歉到有碍观瞻，并不是那么重要；同样的，这些娇媚迷人的女子是否脑容量不足，也不会作为第一考量。彼此相中的目标很“单纯”，就没那么多冲突。但是，也就仅止于此了，有选择权的一方挑伴侣时，是不会从这些人中选择的。很简单：不是那么需要，可有可无。

但凡想要把某人变为自己的“不动产”，就说明那人是自己真正需要的、不能割舍的。做女人，至少要混到这个步数才算对得起自己。查尔斯需要卡米拉、温莎公爵需要辛普森夫人……能被需要，就能有主导权。不管这个“被需要”的资本是什么，必须要有、一定要有！身为一个女人，如果你的一生不能被某人、某事所需要，就太失败了。连这点都办不到，又何谈成功？何谈豪门？所以，够聪明的话，就让自己至少有一样本钱吧！趁着它还没贬值的时候，物尽其用，拿到你最想要的东西。这才是现实主义的生存哲学。

有价更有市

老徐和李亚鹏主演的《将爱》在2011年初上映了。事隔十多年，中国内地第一代青春偶像剧以电影的方式跟观众重新见面，曾经的“将爱”迷们已经三十而立甚至更“老”，心境早就不一样了。能重温的，也不过是当年那份情怀。而当年那个清新逼人的文慧、现在的首位亿元俱乐部女导演、博客女王老徐，已经蜕变成一个干练温雅的女子。

据说还在电影学院念大学时，老徐就创下了无数个第一：手机、房子、车等“豪华”大件全部齐全，样样是同学中的“第一”。拍戏红了之后，片酬更是一路狂飙，银子刷刷地进账。光做演员还嫌不过瘾，混成了圈里当仁不让的绝对一线之后，她又杀进导演圈当起了女导演。而且初次试水就取得成功，好评如潮。别人还只是“玩”博客的时候，老徐却用它来赚钱，她直言通过博客赚了两千万。在博客中取得成功后，老徐再接再厉，又推出了《开啦》电子杂志，受到读者的强力追捧。再后来，她又专门成立了鲜花盛开网络科技有限公司。女演员——女导演——博客女王——时尚电子杂志女主编——公司女 CEO，这样的“升级”顺序，能不让人羡慕感慨吗？

尽管事业有成，可 37 岁的老徐却似乎被“剩”下了。绯闻不少，被媒体发现的男友也不是没有，却一直嫁不出去。有人说了，老徐嫁不出去，就是因为太有钱了，一般的男人谁敢要？

当记者问起她这些问题时，她却云淡风轻地说：“你说我剩下什么了？我可抢手了，想结婚的话，我随时都可以结。”

这话当然不是吹牛。老徐不是超漂亮，但她的成熟和知性却超有魅力。而且，她还颇有才气，又会赚钱，也没有“骑到男人的脑袋上”，她想结婚，还怕没有市场吗？不是没有男人敢娶，关键是她想不想嫁。要有才的，还是有财的？都说徐静蕾爱才子，跟王朔、韩寒的绯闻曾经轰动一时，被炒得如火如荼。可老徐说了：“我是喜欢才子没错，但不是见到才子我就要和他们好。”那钻石王老五呢？人家又自信满满地说了："我干吗要找个有钱的？我自己就是一大款。"

瞧瞧人家这口气！那意思很简单："只有我挑别人，没有别人挑我！"

什么都不缺，说话就是硬气，想挑谁全随我高兴。这就是掌握主动权的好处。想金钱至上，还是佳人配才子，全看心情。我的婚姻我做主，就这么简单。

小白是个年轻漂亮的女人，她的漂亮可不是普通的漂亮，甚至到了让人惊艳的地步。而且，有赖于多年学舞蹈的经历，她还能靠气质"糊弄"住人。再加上谈吐文雅，对各种流行时尚信息又了如指掌，看起来确实挺像那么回事的。当然，她的"硬件"也不差：在银行上班，待遇还算不错。

小白生平没有大志，唯一的理想就是嫁给有钱人。她经常说："我这个人没什么志向，就想嫁给一个'三有一无男'——有房有车有存款无老婆，年薪最少五十万。"为了达成这个目标，小白也下了血本，誓将自己送进豪门：酒吧、高档会所、奢侈品展览会等一干有钱人出没的地方，就成了她经常活动的场所。她常常梦想在这些地方碰上一个合适的有钱人，然后被他爱上、再被他娶回家。

而闺蜜小于的想法就跟她恰恰相反。小于不是那种特别漂亮的女孩，不会造成过目不忘的视觉冲击。她胜在大方、大气，给人的感觉是清爽干练。而且，她的工作也不比小白差，甚至还有小白没有的中产阶级出身背景。她非常不赞成小白的想法，认为小白太给当今的独立女性丢人。

可是小白总在说：“为什么有的女人长得像只丑小鸭，却有嫁人豪门的命，我比她们差什么？为什么不能成为豪门贵妇！”

小于毫不客气地“打击”她：“一个男人能年薪五十万，就说明他的智商肯定也低不到哪里去。喜欢漂亮女人的本能肯定还有，但绝对不会单纯地为了养眼就娶个中看不中用的花瓶回家。脑袋空空的，肯定抓不住他。”

一个奉行“眼球效应”，一个执著于“内在美”，两个无话不谈的好朋友各持己见、互不相让。

没过两年，小白果真如愿嫁给了一个多金男。而小于则是继续专注于自己的事业，有条不紊地按照自己的计划一步一步地向前走。闺蜜出嫁了，她只有祝福却不羡慕，而且也不着急结婚这件事。身边也不是没有追求者，但她却从来不会脑门子发热地全扑在感情上。有人说她太把自己当回事：女人早晚要嫁，不抓住机会早点嫁个好人家，再过个三五年人老珠黄可就不值钱了，只能沦为“必剩客”一族了。

小于却不以为然：急什么？先立业再成家，这逻辑搁谁身上都成立。女人就有资格偷懒吗？不论男女，让自己独立都是大任务。往乐观了说，独立女性在婚姻中不会处于被动地位，还能对老公有所帮助；往悲观了说，如果将来不幸离婚了，也不怕饿着，起码有能力养活自己。

支持小于的人还是少数。朋友出嫁了，联系也不像从前那么频繁了。一来二去，就剩小于自己孤家寡人的。就在这段时间里，每

个人的生活也发生了相当大的变化。

五年后，小于如愿成了她梦想中的事业型独立女性。有车有房有存款，哪儿都不比别人差。而且由于专业上的出色，想挖她的单位也不少，公司自然格外宝贝她，高薪高职地安抚、“贿赂”，不想失去这个人才。当然，在感情生活上，小于也过得相当精彩。

随着这几年的历练和升值，小于身上那股知性干练的气质越发浓厚了，很能吸引男人的目光。因此，向她示好求爱的优秀男士也为数不少。小于一直是个理性的人，不会轻易被甜言蜜语冲昏了头脑。而且，她确实也不小了——将近三十的人了，真没有多少风花雪月的情怀了。对于未来的另一半，她的向往和要求是齐头并进的。所以，她一直本着宁缺毋滥的原则，不苛刻但绝对不会无原则。

后来，终于有一位年轻有为的儒商入了她的法眼。他对小于倾慕已久，而且非常欣赏她的能力。交往了一段时间后，他郑重地向小于求婚。说实话，小于一直在等这一天。而且，就算在如此浓情蜜意的时候，小于也没有忘记“谈判”：如果她现在答应对方的求婚，就得放弃公司派她去美国的机会；如果拒绝或暂缓，又怕将来有变数。小于没那么天真了。她固然相信爱情，但却不会对它抱太大的期望。她一去就是两年，谁能保证这两年里什么都不会发生？如果真出了问题，责任就会在她——谁让你走了呢？

于是，她把这个问题抛给了对方。对方的意思是：“我希望你留下来，我们先结婚，你想做什么，我可以支持你。”

小于“犹豫”着答应了。结婚以后，老公果然兑现了承诺，出资帮小于筹备了一个公司。而且，由于小于的人脉比较广，在老公的事业上也出了不少力。两人在家里是好夫妻，在外面是好搭档，日子过得和和美美、红红火火。

三年河东三年河西，小于的闺蜜小白和她的情况正好相反。出嫁以后，小白就跟着老公去了上海定居，还辞去了让许多人羡慕的工作，专心在家做少奶奶，过上了“美容、逛街、睡到自然醒”的好日子。小白那个美啊！每次给小于打电话，都喜滋滋地说自己多幸福，当初的决定多正确。小于不止一次地给她泼冷水：“你还是消停点吧！他这是在新鲜劲上，还热乎着，愿意哄着你。等他这股劲过去了，你试试吧！”

小白不爱听了：“你这是咒我呢？我们俩好好的，碍你什么事了？就见不得我好是吧？”

小于见她顽固不化，也没什么办法，只能扔下一句：“将来你想找人哭的时候，可别找我！”

就因为在这件事上无法达成共识，两个曾经的好闺蜜一度闹得很僵。到了后来，小白真想哭的时候，没别人可找，只能又找上了小于。

据小白说：老公有一段时间确实是把她当成珍宝的，持续了将近一年的时间。但慢慢的，他不像从前那么热烈了，还早出晚归，电话也经常打不通，忍不住跟他闹了几次。他却很不耐烦地说“你闲的无聊是吧？我整天累死累活地赚钱养家，你倒好，就知道给我添堵！”小白又气又伤心：这还是从前那个深情款款的男人吗？吵多了没用，后来就干脆不回家，听说在外面有了女人。“小三”虽然没她漂亮，但据说懂事能干，在工作上能独当一面，是老公的好

帮手。

小白找婆婆哭诉，希望长辈能主持公道。可婆婆也变了脸，好像全忘了当初对小白多中意，不但为儿子开脱，还批评小白不事生产、游手好闲，帮不上老公的忙也就罢了，还不让他省心，净找他的麻烦。

其实，在结婚之前，婆婆对小白还算满意：人长得标致不说，嘴还特别甜，很会说话，人也乖巧、懂礼数、知进退，学历也不错，各方面都达标。因此，虽然小白家的门第有点“寒”，她也没强烈反对。结婚以后，小白又顺着婆婆的意思辞了工作，到自家的公司帮忙。这对小白来说，只是个权宜之计，用以巩固跟婆婆的感情，觉得自己刚嫁过来立足未稳，需要做出乖巧懂事听话的样子讨婆婆欢心，以此得到她的支持。其实小白的理想是做个悠闲的专职主妇、最美的米虫。于是，坚持了一段时间后，自觉基础已经打牢的小白就以怀孕了需要休养为由离开了公司。婆婆怕孙子有闪失，也没反对。老公当时还是把她当成宝，自然也不会拂她的意。就这样，小白过上了全职少奶奶的生活。

生完儿子后，小白又是调养身体、又是照顾孩子，再也没踏进公司的门。婆婆渐渐有点不满了：“你年纪轻轻的，怎么就这么懒呢？我们家是有点钱，但也算不上大豪门吧？孩子有我看着，你去帮帮老公的忙不行吗？”

现在，老公跟“小三”已经在公共场合同进同出，俨然是一家人。而孤立无援的小白唯一的指望就只有儿子了。婆婆说：“我们家没有离婚的先例。只要你安安分分地待在家里，照顾好孩子，别总找你老公的麻烦，你还是我儿媳妇。将来公司也是我孙子的，亏不着你。”

这话的言外之意就是，你只要忍气吞声地做个受气包，别吵别闹，大房的位子还能坐住。至于外面的“小三”，你就别管了。

小白那个难过啊！在电话里哭得一塌糊涂，骂老公没良心，怪婆婆是非不分偏袒儿子，就是不从自己身上找原因。

小于恨铁不成钢，连骂她的心情都没有了。

脸蛋再好看，保值期也有限。等到别人对它的强烈视觉冲击产生了免疫力，就得看别人的脸色过日子了。想在婚姻里保有尊严，是绝对不能只拿脸蛋来做筹码的。幸福的专职豪门少奶奶也不是没有，但她们都没有像小白这样在婚姻生活中无所追求。总得做点什么，才能跟上豪门的步伐。比起普通人，豪门更清楚何为“日新月异”，更注重与时代同步。而身处其中的少奶奶，无所作为怎么能行呢？有价值，才值钱，才不会被市场淘汰。这是适用于市场和婚姻的不贬值规律。

豪门必修课之——谁有都不如自己有

每个孩子的世界里都有一个不一样的灰姑娘的故事。在老师和父母的讲述里：善良美丽的灰姑娘在落魄时遇上了英俊迷人的王子，并且穿上了王子的水晶鞋成了幸福的王后。故事就在这时候戛然而止，而作为读者的你，就只能自行想象他们未来的结局了。

王子爱的是灰姑娘的什么？无敌的美貌？可人的善良？这些品

质足以保佑平凡的灰姑娘在高不可攀的皇室里幸福一生吗？没有生存能力，就只能被踢出局，这是古往今来所有皇宫贵族家的不变规则，没有人可以幸免。我们当然有私心地希望灰姑娘跟王子能相爱一生，可事实真会如此吗？

童话只是童话，在成年人的世界里，一无所有的灰姑娘是很难适应皇室的游戏规则的。“傍大款”并不是改变命运的唯一方式，就算要“傍”，也不能两手空空地去傍。时下流行一句话：“靠山山倒，靠人人跑”，靠谁都不如靠自己，谁有都不如自己有。与其拿自己去跟别人做交易，还不如做个本身有交易权的主导者。学老徐，不要学小白。

第二章 会做人，走四方

幸福的豪门媳妇或许不是最漂亮的，但一定是最会做人的。从千亿媳妇徐子淇到高调复出、华丽转身的张柏芝，再到麻辣女主持小S，这些被泡在蜜罐福窝里的豪门媳妇，到底靠什么征服了苛刻的豪门？她们灿烂的笑容下，是否也隐藏着传说中不为人知的隐忧？

或许吧！没有一道森严的豪门里是没有规矩的。而豪门之所以"豪"，也跟这些压死人的规矩不无关系。物以稀为贵，规矩以苛刻为尊，这就是这个世界的潜规则。在这种生存背景下，光鲜的豪门媳妇就注定比普通人要承担更多的压力：丈夫的花心、婆婆的挑剔、上流社会的不良习气……你可以选择不忍，可以由着性子让自己先痛快了，可是不好意思，你极有可能因此而丧失出入这个门庭的资格，这才是现实。

睁大眼睛看看吧，哪个在豪门里混成"精"的豪门媳妇不会做人？会做人，走四方，金科玉律在此，请照单全收。

宰相的肚子，丫鬟的命

女人要放开心胸，没事不要找自己麻烦，不然你一天到晚挑剔自己，会越来越没有自信。

——小 S

像丫鬟一样努力，才能像宰相一样风光

我国台湾已经是天后蔡依林的天下：

经过几年休养重新杀回来的某知名歌手，重整旗鼓准备开创事业的新高峰，发片的时间却不幸撞上了蔡依林的档期，败得很无奈；

曾经是无数男人梦中情人的某著名玉女型歌手、影星，自曝公司一心只捧蔡依林，把自己雪藏多年。

……

别人的惨淡正对比出蔡依林的风光。这个因为长相酷似林心如而走红的姑娘，自出道以后，就伴随着数不清的绯闻。

刚出歌时被骂做烂歌手，创作《看我七十二变》后，关于她整

容丰胸、与周杰伦的绯闻等又成了焦点话题。这些年来，蔡依林一直是被骂并风光着：媒体要么是盯着她的底裤，要么就批评她抄袭滨崎步，要么就议论她的粗腿……可大家却好像都“忘”了一个事实：蔡依林能走到今天，确实是因为她非常努力。而尖刻的舆论却总喜欢用“G奶”二字抹杀她所有的付出和努力。

有一次，记者跟蔡依林谈起孙燕姿的时候，她感叹地说：“她真想得开，可以休息两年。”一句话就道尽了她的无奈。她自知没有这般的好命，只有坚持不懈地努力才能证明自己的实力，才不会被这个喜新厌旧的圈子抛弃。

既然是“舞娘”，好身材是必需的。为此，蔡依林也付出了非同一般的代价。她曾自信地说：一个能减肥成功的人，就再没有什么事办不成。减肥期间，她被起了个外号叫“烫青菜”，因为她吃炒菜时总会把青菜在开水里烫一遍，目的是把油过滤掉。更艰苦的是她的休息时间少得不能再少，她早已经习惯了在飞机上用餐、睡觉、化妆。下飞机后，这仅有的私人空间也就随之消失了。如果有人想邀她聚会，一周前就要跟她的经纪人预约……

时间太赶，天天像打仗一样，生理和心理上都有些承受不住。有的时候，因为上通告精神压力太大，蔡依林经常躲在被子里大哭。但哭过之后，她又会擦干眼泪乖乖地出去“拼命”，因为她明白：要想稳坐天后的交椅，就得放弃自由。这是鱼和熊掌的艰难选择，只能选一，不能兼得。

所以，面对所有的压力和否定，蔡依林除了更加勤奋努力，再

没有别的“动作”。编舞的老师甚至被蔡依林吓到，因为她要争取更高难度的舞蹈动作。成功奠定了“舞娘”地位之后，她又挑战起体操，拉单杠练臂力、做拱桥、劈腿……每天都要做上无数遍，汗水干了又出、出了又干，整个人像是从水里捞出来的一样。正是通过这一系列的“壮举”，才终于为她带来了今天的成功。

蔡依林曾说过：如果她没有成功，那就是她不够努力。老天爷没有给她天分，她成不了“天才”，那么她就一步步努力，做个被人尊重的“地才”。

成功的人很多，但不一定个个都是天才。而这个世界，也往往是“地才”的天下，因为大部分的人在成为风光无限的宰相之前，都要在很长的时间里像丫鬟一样努力和忍耐。宰相不是世袭制，皇帝之所以钦点，是因为他的政绩足够压人。那么，在作威作福的同时，宰相依然得当牛做马，还要有容人之量，如此，才能确保常得皇帝的欢心，坐稳那个位子。在这一点上，宰相跟丫鬟是类似的：命运掌握在“主子”手里，自己的主观能动性也不能忽略。任劳任怨在先，风光显赫在后。

这是惯例，不是特例，每个圈子都遵循相似的游戏规则。

不知从什么时候起，跳槽成了时髦，不跳不痛快。有人说，跳槽可以轻松地实现加薪升职的美好愿望；有人说，不跳槽会限制自己的眼界，时间久了就容易困在习惯的框框里无法进步。于是，一批又一批的职场老新人们像孙猴子一样，不停地跳来跳去，期望着能在某一次的纵身一跳时蹦到云彩里，自此以后成为“天上人”。

在这种大背景下，能够连续好几年不动地儿、不挪窝的反倒成了稀有品种。不过，下面故事中的主人公却证明了职场“守门员”比起那些两三年就“跳”一次的职场前卫人士们获得的回报要高。

大学毕业以后，小宋进了一家大型医药企业工作，并且兢兢业业、勤勤恳恳，非常努力用心。最离奇的是：她居然连续两年都没换地方，还把公司的事业当成了自己的事业，那份操心用功劲儿实在是让人看不下去。

同学、朋友们劝她：“你都混了两年了，还只是营销部门的小职员，再混下去也没多大出息。还不如拿着这两年的工作经验当敲门砖，换份新工作，待遇、职位上肯定有变动，你又何必非得在你们公司这棵树上吊死?”

小宋不以为然，说她不喜欢跳来跳去，总换地方心里还不踏实。在所有人诧异的眼神里，她像是在做自己的事一样，尽力把工作做到最好。连续两年，公司年底考评最忙的那段时间，她居然累病了。连她妈妈都有点不理解：“你这么拼命干吗？领导又不会给你涨工钱。累坏了是你自己受着，除了爹妈心疼，谁还能看见?”

小宋沙哑着嗓子回答：“我就是给我自己干的。干好了，是我自己的，就算将来不在公司干了，学到的东西也丢不了，全是我自己的。”

到了第三年，领导找小宋谈话，说公司通过这几年的考察，认为小宋是个踏实努力的优秀员工，并且对公司保有一定的忠诚度，没有在公司培养出来之后就甩手跳槽。对于这一点，公司非常欣赏，决定对她进行重点培养，在本次的培训名单中就有她的名字。培训结束后，保守估计可升一级，也就是说，最低可以升至主管。

小宋大喜过望，连连感谢领导的栽培。于是，这次培训结束后，小宋成为了营销部的主管。而且，部门的总监在找她谈话时还暗示她：“你们的副经理下半年要结婚，并且有极大的可能辞职，因为婆家希望她婚后能协助老公一起打拼自家的事业。她走后，咱们部门会有一个空缺，你继续努力，我很看好你。”

小宋的一个好朋友劝她：“你就别死心眼了，他也就是说说而已，哄着你多干活呢！给了点甜头再许个诺，这是当领导的艺术，谁知道将来能不能兑现？我们公司正招人呢，你现在成了主管，跳过来肯定能混个副经理干干。过来吧！”

小宋再次拒绝了：“我就这么走了，有点忘恩负义。就算要走，也得对得起公司这一番栽培。做人要厚道。”

朋友简直要暴走了：“大姐，你接受的是上世纪的教育吗？怎么这么奴性？人不为己，天诛地灭。你这么死忠，你们公司知道吗？会领你的情吗？你真想老死在这个工作岗位上吗？”

小宋摇头：“不是，我是觉得，我目前的能力，还不足以胜任更高级的职位。我虽然业余时间也在进修，但毕竟实践上有些不足，我还需要历练。”

久而久之，小宋成了同学朋友圈中出了名的“怪物”：不求上进、死脑筋。别人都在享受着“跳”的快乐，手脚“麻利”的都换过两个单位了，只有她，几年如一日地在原来的公司里任劳任怨。

小宋不是不知道有同学们背地里谈论她，但她有自己的打算，不想盲目赶潮流。在没有十拿九稳的把握之前，她不想去挑单位，只想踏踏实实地把工作做好，让自己的专业能力更丰富。

时间能证明一切。五年过去了，许多事情都见了分晓：小宋已经成了公司的中层干部，业务熟练、资历过硬，不但公司器重，也受到了其他公司的“垂涎”。而她那些以跳槽为乐趣的同学们，却在频繁的“跳”中感觉到了疼痛——常常是还没彻底摸清门道就去了其他地方，就算起点比原来高，却又得重新熟悉新公司的文化、流程，再加上又没有足够强悍的专业能力打底，难免吃力。结果，跳来跳去，还是在主管的位子上徘徊。这没办法，时间都浪费在“跳”上了，没工夫熟悉业务、自我增值，几年下来，还是吃老本，怎么可能坐上更高的位子？在这样的恶性循环中，事业始终没有得到太大的发展。

而他们当初很不以为然的“老黄牛”小宋的事业却蒸蒸日上。好笑的是，居然还有同学“跳”到她的公司成了她的下属！

真是风水轮流转啊！老黄牛熬出来成功上位，孙猴子跳折了腿原地踏步，这个反差是谁造成的？差的不是机缘能力，是心态！想当将军不是不可以，但在没有当将军的能力之前，过于浮躁和挑剔，就纯粹是在给自己找麻烦。女人要对自己有要求，但这个要求应该是建立在现实情况的基础上设定的升值计划，而不是拔苗助长式的不健康摧残。要想得开，想明白，知道自己现在几斤几两重，可以努力、可以拼命、可以把能用的时间都用来工作，但是，好高骛远就等于是慢性自杀。

豪门必修课之——累成老黄牛并不可耻

不怕你成不了事儿，就怕你没成事儿的心，想成事就要做好吃苦受气的准备。

成事儿之前，你没权力，没地位，没有发言权，只有听吆喝受累的份儿。别计较、别烦躁，做好本职工作，稳扎稳打，低三下四地做、唯命是从地做。“怂”吗？没关系，会熬出来的，等的就是有朝一日的集中爆发。别沉不住气，累成吃苦挤奶的老黄牛并不可耻，可耻的是无处生存。这是一个“笑贫不笑娼”的时代，没人同情你高尚不屈的伟大情操，只会鄙夷你举步维艰的现状。

看明白了吧！不急不躁不放松自己，年轻的时候努力，年老的时候才能享受。这是符合自然规律的成长哲学。女人30岁之前或许可以靠脸吃饭，但30岁之后呢？上帝慷慨给予的恩赐已经收回去了，怎么办？这时候，积累就开始发挥作用了：能不能造就宰相的命格，就全看你付出怎样的代价了！

看得开，才开心

2010年，“老爷”徐克携新作《狄仁杰之通天帝国》杀回来了。虽然他讲故事的方式让一部分人很难消化，但是，那磅礴的场面、华丽的阵容，还是晃晕了很多人的眼。有人说了：果然是徐克！

而观众们也注意到，在威尼斯电影节上，施南生亲密地挽着徐克的手现身，为他的新电影助阵。在媒体特意给出的镜头前，施南生是利落的短发，笑容沉稳大气。离了吗？还是依旧在一起？她现在的身份是“徐克的前妻”吗？

不知道，不明白，说不清楚。我们都是局外人，参不透其中的玄机。个中的滋味，如人饮水，冷暖自知。

可是，谁都知道，施南生“失婚”也好，依旧是徐太太也罢，她的地位却始终不变——香港电影界一言九鼎的大姐大，响当当的“女中丈夫”，华语传媒界纵横了半生的大侠客。

传说倪匡牛平最恨人说他个子矮，但他每每见了高挑的施南生，却会故意扮武大郎哄她开心：“论 EQ 与 IQ，她无论哪一处都比我高，我败得心服口服，索性把身段放到最低。”

在“我喜欢与乐意见到的人”里，亦舒把施南生列在第四位。她曾用了无数段文字来描写施南生，比如：“南生并不一定穿精品，有时也白袜子与缤纷凉鞋。配得好，选得适合她，明显的是她在穿衣裳，没有可能是衣裳穿她，颜色不定，鞋子高矮也不定，变幻多端，但是相信我，如果她在那里，你一定见得到她。她是我所知唯一不穿胸罩但自由自在的香港女郎。”

而向来眼高于顶的李碧华也这样赞她：“若硬要用一个词来简单定义施南生，恐怕只能用三个字——不一般。”

可再“不一般”的女人，也有自己的劫难。对施南生来说，徐克就是她命中的魔障：他是她的劫难，平日再怎么英明神武，他只

一笑，她便立刻乖乖做回他身边的女人。

30多年前，还是一袭长发披肩的施南生在董建华的表妹张培薇的撮合下，认识了徐克。算不上一见钟情，后来却纠缠了一生。

1981年，两人签下婚书，摆了酒席。后来，在施南生的建议下二人成立了自己的电影工作室。徐克负责做导演，施南生负责融资、发行、宣传等。两人一起监制、出品了《倩女幽魂》《喋血双雄》等诸多经典电影，纵横华语电影十数载，风雨同舟。

在现实生活中，施南生称呼丈夫为“老爷”，徐克则称呼她为“校长”。施南生头上有若干光环，可她最得意的一个却是“徐克的女人”，是他的“拍档、知己和爱人”。30年后的今天，关于两人是否离婚的传闻传了又传，有的说离了，有的说还在一起。有人看到徐克跟一个长发美女一起逛超市买菜，也有知情人说双方早就签署了离婚协议，恢复了单身。这边还在言之凿凿，那边两位当事人又态度暧昧地做出了不同的反应。

《女人不坏》的宣传Party上，徐克当着现场上百人的面对施南生说：“你永远是最好的女人。”

有记者向施南生求证，她淡淡地说：“两个人的事只存在两人之间，和第三个人没有关系。”

徐克说：“好女人是一个世界，她打开了一个世界给我。”

施南生则说：“我与徐克是手足。”

……

看客们还在热议，而这两位华语电影圈里举足轻重的当事人，却兀自过他们的生活：照旧一起出席各种活动、一起做电影，还是亲密无间。

也许，曾经浓烈的爱总抵不过现实的摧残，而别人善意的想象也不能修复流失的心情。在一起久了，感情还在，爱情却已经面目全非了。所以，就有了各种不堪的可能性和猜测。亦舒常说："世间美好皆无法永恒，当我们看到极致时，也是我们要学习接受失去它的时候。"

是吗？30 年了，对于爱美女的徐克而言，已经够"疲惫"了。就算对方依然是"最好的女人"，却再也不能像当初青春如歌时那么热烈地相爱。在爱情里有一种"奇怪"的逻辑——虽然你好，但不代表我会爱你。而在电影里提供过诸多爱情模本的怪才导演，也许就掉在这种逻辑里无法自拔。

而施南生的逻辑是：不能再相爱时，还能剩下尊重倒也不算最差。像接受时光流逝一样接受失去，不出恶言、不抱怨，潇洒地全身而退，转身的时候还能相视一笑。做不了爱人，可以做拍档和知己，这同样是不错的选择。

在这个世界上，爱情最是无法强求的。不爱了，就已经成为了一种结局，再难更改。不接受不是勇敢，而是偏执。既如此，在分手后还能让对方留有相爱时的美好记忆，就已经是天大的能耐了。不是不痛、不是舍得，是看开了、看透了，如果"拿着"无法开心，就索性"放下"成全自己吧。在我们这些局外人眼里，施南生的魅力之一或许就在于这份胸襟气度。虽然我们参不透他们扑朔迷

离的婚姻，但还是会折服于这种姿态。

有几个女人能在不再相爱时保有这样的风度呢？没有几个女人能抵得住爱情的诱惑，所不同的是：有的人失去之后依然笑得淡然优雅，而有的人却把这份感情当成了世界的临界点——有，就得到了全世界；没有，就失去了全世界。为什么不能继续去爱那个伤害过你的世界？那里不是收藏着你最热烈的情感吗？珍重的不全是过往的回忆，还有那个无法生动和幸福的自己。

豪门必修课之——大胸不如大胸襟

现在有种新说法，称女明星们的乳沟为“事业线”。

铺天盖地的娱乐新闻里，时不时就会看到某某明星低头弯腰大秀“事业线”。不秀不行，你不秀就会有敢秀的人大秀特秀抢了你的风头。这已经是这个圈子里心照不宣的行规了，就连声名赫赫的“腕”们也得服从。托经验老到的摄影记者们的福，这一道道光洁性感的乳沟在镜头下呈现出了非同一般的诱惑。“时间就像乳沟，只要挤，总会有的。”调侃的不是乳沟本身，而是这种肉感的审美。

有胸最好，大方地去露；没胸不要紧，去隆，口径一致：二次发育了，做针灸吃木瓜了……满世界都是明晃晃的大胸，却少见这些大胸女生活得大气庄重。

可笑的是，现实生活中的许多女人居然也迷上了这条离自己很遥远的行规，以抛胸露性感为生存之道。捷径可以走，但不能一门心思总想走捷径。捷径的名额有限，你普通人一枚，不一定就能抢到手。与其把时间浪费在这上面，不如花点精力修炼一个大胸襟。大气之美，谁都无法拒绝。这可比拼“胸”有尊严、有档次多了。

姐妹们，记住了：丰胸不如健脑，以胸襟取胜，才算是真的够分量。

“调子”起得太高，很容易跑调

人一定要把自己放得很低，稍微有一点点快乐都能感受到；如果把自己抬得很高，给你很大的快乐都未必能感受到。

——赵薇

别美得太早，小心后面跌倒

贾静雯的夺女大战终于画上了句号。据台湾媒体报道：贾静雯与前夫孙志浩于2011年1月20日在法官见证下签署了具有法律效力的和解书，内容写明两人的女儿梧桐妹15岁以前都可以留在台湾念完初中。另外，和解书也写明贾静雯必须以女儿为生活重心，不得离开梧桐妹超过5天以上，也不得将女儿私事公布于网络，而父亲孙志浩也保有对女儿的探视权。孙家的律师张迺良也证实：“她（贾静雯）对小孩也真的是有关心、有母爱啦，那既然如此，我们也就同意，贾静雯不能离开小孩5天以上，暑假的时候，我们有三分之二的时间可以把梧桐妹带到美国。”

贾静雯和孙志浩这一对冤家夫妻，简直就是上演了一出活生生的豪门悲喜剧，其精彩之程度，真是让人叹为观止。从开始的恩爱异常，到后来的反目成仇，再经过一系列的互相揭短爆料、对簿公堂，真是高潮迭起、荡气回肠。难怪有人怀疑他们的故事被写进了电视剧，也对，艺术来源于生活嘛！如此抢眼的猛料，为什么不物尽其用呢？说实话，这场闹剧之所以如此难看，跟贾静雯当初的高调不无关系。

从两人相爱开始，自以为半只脚踏进了豪门的贾静雯就一直在高调地秀幸福：我们只是相爱，跟别的都没有关系。她的原话是："现在社会上有豪门潮，我必须跟大家承认，我真的嫁得很好，但跟豪门无关，豪门与幸福快乐不一定能够画上等号。"是，理论是没错，但就因为她太"幸福"了，媒体对她的男人的好奇就从来没有停止过。在狗仔们无孔不入的勘察下，孙志浩的种种壮举一次次地曝光在全国人民眼前：

贾静雯生产的前一天，他带着前女友酒后驾车狂欢，被警方拘留。大着肚子的贾静雯忍气吞声到警察局去领人，一怒之下动了胎气，这才提前生产。

贾静雯卸下明星光环在家相夫教子，孙志浩却在夜店泡美女，一点都不像已婚人士的做派。

孙志浩暴打贾静雯，毫无半分怜香惜玉之心。

……

这样的新闻多了，人们开始怀疑了：这就是贾静雯忍辱负重争取来的美满婚姻吗？

早在他们结婚之前，就有消息传出：贾静雯的婆婆不满她未婚先孕，不但不让她进门，还要验过孩子的DNA、确定宝宝确实是孙家的孩子之后才点头答应婚事。

贾静雯当然不会承认：哪有这回事？只不过是孩子先来了，我们没有准备罢了！

其实也可以理解，贾静雯的恋情曝光时，记者们没少挖苦她：说她为了嫁入豪门，火速搭上“富二代”，又火速怀孕，以肚子里的孩子作为豪门通行证。没想到，到了婆婆这一关却卡了壳，原本是她影迷的婆婆一听说这个漂亮的准儿媳学历低、出身不够高贵，马上就翻了脸，不但不予放行，还百般刁难。

打碎牙齿和血吞是娱乐圈的惯常举动。被推到风口浪尖上的贾静雯能承认吗？非但不能，还得强颜欢笑着秀恩爱、表幸福。至于心里多苦多酸，就全靠自己消化了。于是，在后来的历次婚姻不幸的传闻中，贾静雯秉持着一如既往的维护态度：传老公有外遇的时候，她力证两人感情很好；传婆婆不待见她的时候，她重申婆婆是好婆婆，只是自己不够优秀；传遭遇家暴的时候，她“无奈”地表示自己听到这些传闻都觉得可笑……

可惜啊，强撑总是不安全的，总有一天会撑不住。终于有一天，贾静雯在媒体面前哭诉自己已经三个月没见到女儿了。

被猜测了许久的真相曝光时，同情的人有，幸灾乐祸的人也有，而这些围观的人都抱着同一种心态：看吧，叫你当初那么烧包，现在应验了吧？

如果没遇上那个人、没经历那段婚姻、没采用那样的处理方式，她的人生会不会跟现在不同？可惜，人生不支持太多假设，一旦开始，就得准备面对结果。

无独有偶。同样是在娱乐圈，另一位美女明星的高调婚姻也一度沦为笑柄。

在嫁给李厚霖之前，李湘的公众形象一直很好：人长得甜，主持得又不错，一度迷倒了不少人。可突然之间，她高调地宣布要下嫁一个叫李厚霖的男人，而据说两人当时只交往了一个月！一时间舆论哗然。

所有见证过这件事的观众们应该还记得当时的“盛况”。所有的媒体都在不遗余力地深挖这位年轻的钻石王老五的底细，其时舆论之热，简直能烫伤人。

就在这股声势浩大的“揭底”行动中，李公子的诸多秘事就一一曝光了：在李湘之前，李公子还曾情深意重地爱慕过别人，包括彼时的某金马影后、过气的歌手等。而那位影后还为了李公子抑郁过，极度痛苦。一时间，舆论纷纷质疑李公子的人品：他能如此绝情而迅速地始乱终弃别人，将来也有可能这么对你。谁能保证他不是爱你的名呢？

李湘的回答是：“每个人都谈过恋爱，这真的没什么，而且对我们的关系也不会有任何影响。我真的很开心找到一个爱我的人，什么事情都不能阻止我跟我老公在一起，因为我们彼此相爱。刚开始很多人都觉得我们的爱情太浪漫，不真实，经不起考验，但经历了这件事情，我们的感情更牢固了。”

好吧，嫁就嫁吧，可能真的是爱情来了，什么也挡不住。

那场盛大的婚礼和偌大的钻戒也曾让许多女孩子艳羡不已。女人嘛，都有公主情结，都梦想着遇上一个英俊多情并且富有的王子来把自己娶走，最好还能住在城堡里……

结婚后的李湘人前人后都很幸福，一副泡在蜜罐里的样子。可“大嘴”宋祖德说了：这双李的婚姻维持不了一年肯定完蛋！

结果怎样？一年多以后，两人在所有人意料之中地离婚了。比起结婚时的高调，离婚时就“安静”了许多。在离婚传闻传了许久之后，李湘终于在博客上说：“的确，我与厚霖的婚姻结束已有一段时间，我不愿公布是不想一段没有尽头的婚姻成为媒体炒作的热点，更不想因此而影响到对方的生活。当初这段感情从开始便不断受人非议，我们还是勇敢的结合。对于此，我永远不会后悔，但没办法将这段感情继续下去。我们两个人除了要面对繁重的工作，还要承受舆论的压力。当我发现无力承受这一切时，才明白自己是多么天真，把一切都想得那么美好。那段时间我真的感觉很累，甚至想到过放弃一切。是厚霖帮我度过了这段日子，他对我的关怀和包容，甚至超过了兄长和父亲，是他让我慢慢成熟起来。即便我们现在已经分开，我也不会忘记和他在一起的日子。”

这段婚姻到底因为什么没有走到尽头？在各种揣测的版本中，有一条是比较客观公正的：跟名人结婚压力太大，尤其是在过于高调时，各方面的压力和窥探必然会无形中增加婚姻的负荷量。

如今，李湘已经走进了另一段婚姻，女儿漂亮、老公体贴，看起来很幸福。这次，李湘长了记性，处理得非常低调。直到娃都有了，才曝光了已婚的身份。

现在，网友们又对李湘的减肥问题产生了深厚的兴趣，并且不时跟踪着她的减肥进度。而她的婚姻、她的爱情，却反倒成了附属品，不再像从前那样被挖得无处可藏。

而事实也是这样：作为一个公众人物，在你对某件事过分高调的时候，就会吸引媒体和观众的注意力，让他们把目光都放到了那件事情上面。于是，众目睽睽之下，你的一举一动都被放大了无数倍，立体“音效”、实况直播，传播速度快、扩散频率高，不能出错、不能有一点点让人误会的举动。时间一长，你自己都会胆战心惊：这过的是什么日子？走到哪儿、做什么，都被监视着，连喘口气都得小心点，生怕被人揪出错。可越不想出错，就越容易出错，期望值过高永远都会坏事。闹到最后，麻烦一件一件地来却不知从何而来。通俗地说，就是死都不知道怎么死的。

调子起得高，很容易跑调，这是基本常识。把力气都用在前面了，后面哪有力气唱下去？先把嗓子喊倒了，就什么都没戏了。你是不是成功、是不是幸福，留给自己体会就好了，何必要大张旗鼓地秀给别人看？你以为露的是脸，其实是屁股。因为不堪的结果会使高调的曾经更丑陋。美得越早，摔得越快，看戏的人不会心疼你此时的落寞，只会不屑你从前的得瑟。再者说了，一个总爱张牙舞爪、到处显摆的人，也会让人觉得不可爱、不稳重。

低调点，不容易吃亏。宁送惊喜，别毁希望，这是做人的基本方针。

豪门必修课之——别太把自己当回事儿

就算你是女皇，也照样吃喝拉撒，不可能真的不食人间烟火。说白了，就是没比别人高级到哪里去。那么，你太把自己当回事儿不就显得很喜剧吗？

珍重自己，并不意味着你就可以把自己当成世间唯一的主角，有资格让别人分享或捧场你所有的故事。地球怎么转，是不以人的意志为转移的，谁都不是世界的重心，无权去左右别人怎么发光。这种自以为是、自我感觉良好的自恋行径，其实非常招人烦，很容易引起众怒。强悍如武则天，都有被人逼宫的时候，何况是你我这样的平凡之辈？一辈子能一手遮天的人毕竟少之又少。况且，如果在没到达一手遮天的高度之前就先被人灭了，可就更加“杯具”了。

心态要高，姿态要低

在当今的演艺圈，像许晴这种路数的女星非常少见，甚至是绝无仅有：她的身价和知名度都很高，演的戏也都是大戏、大制作。另外，她的观众缘极好，很少见到恶评，演技也是公认的。但是，她的曝光率却很低，简直低得有点过分。

许晴曾说过：“我对自己的要求一向是角色高调，为人低调。”

如果你对这个圈子感兴趣，就会发现，各大颁奖晚会、慈善活动、时尚 Party 等应出头露脸的场合里，极少能看到许晴的身影。对于媒体的采访，她也是尽量拒绝。除了工作中必要的宣传活动，她鲜少露面。就连她凭《建国大业》拿到了最佳女配角奖，也依然没有到现场领奖。这份固执的低调让很多人不解：这究竟是性格使然，还是故意营造神秘感？毕竟在这个流行炒作、作秀的娱乐圈，一直远离媒体和大众是很容易被人遗忘的。许晴到底有什么魅力，能让她在曝光率如此低的情况下依然在一线的位置上居高不下？她真的一点都不在乎得奖吗？

而且，许晴对各种绯闻的平淡反应也让人很费解。

常靠河边走，哪有不湿鞋？毕竟在这个圈里混，总会沾上一些五花八门的绯闻。许晴出道至今，也不是没有过负面新闻。像“皈依佛门事件”“许晴东京女体盛事件”等，都不太积极正面。但对于这些报道，许晴一没愤怒，二没刻意声明，只是笑着以“无聊”二字来轻松回应所有人的好奇心。

真的豁达至此，毫不在乎吗？

许晴自踏入演艺圈后，出演过很多优秀影视作品。最早是和陈凯歌合作《边走边唱》，之后又在凌子风的《狂》中担当了女主角，开始吸引观众的视线。《来来往往》《东边日出西边雨》等影视作品则把许晴推上了中国第一美女明星的宝座。直到今天，她都是当仁不让的“腕”，是所有制片人、导演争相邀请的宠儿。比起那些费尽心机出位的女星们，许晴似乎太过幸运、太过诡异了：这么低的曝光率，凭什么能稳居一线？

有人说，许晴在演艺圈，其实就是玩票，没来真格的。要不然，能这么淡定吗？

非也！在接拍《建国大业》时，许晴正赴美学习影视制作。低调不代表志向不足，也不意味着止步不前。一个人对自己从事的行当有没有更高的追求，不是靠吆喝出来的。

2009年11月底，出道以来一直单打独斗的许晴终于拗不过“媒婆”韩三平的游说，高价“嫁”到华谊，当时的排场和价码曾让许多人津津乐道：王中军、王中磊两位老总及张纪中都参加了签约仪式，董事长王中军还送给许晴一把据说价值几十万的红木凤雕座椅当“聘礼”。另外，王中军承诺给许晴配备独立的经纪人团队，并提供量身定做的角色。除了做演员，许晴还获得了另一个特权——可以参与幕后制作。

瞧瞧，这待遇够让人羡慕了吧？

这还不算。据爆料，首位香奈儿“高定”的华人影星就是许晴！而为这个身份埋单的，正是华谊！

先别急着感叹，且听我把这个“高定”的概念解释完毕。

所谓的奢侈品，真正“玩”的是品牌价值、是内涵，而不是价格。香奈儿一般非“高定”的礼服标价也在十几万，一旦加上“高级定制”这几个字，那身价就更不一般了，而且绝对是有价无市。也就是说：你有钱也不一定买得到！人家穿的不是衣服，是品牌的价值！Cocc Chanel的一句名言掷地有声：奢华的定义是内外皆美，浮夸会威胁个性。

许晴成为香奈儿“高级定制”的华人影星第一人后，Chanel 动用其最专业的团队耗时将近六个月为许晴打造了“终极新衣”。这是多少女人的终极梦想啊！奢华无双的香奈儿，谁人不爱？

混到这份上，就不需要多说什么了。“价码”说明了一切。

你也别光顾着羡慕许晴，回过味来了吗？低调不是没调，心态放高、姿态放低，把事情做好，才是硬道理。老板真正愿意下本钱埋单的，是你做事的能力，而不是虚张声势的假排场。你能用实力打动老板，老板自然会掏出足够的银子让你满意。这是有因果关系的良性交易，绝不会无缘无故地发生。

注意：一些大学生来面试了，看看老板们会满意哪类应聘者。

一位是某高校外贸专业的女生小 A，一位是某高校远程教育学院的女生小 B，两份简历同时摆在一位人力资源经理王先生的面前。王先生首先将目光停留在小 A 的简历上，从学历、实践能力和英语水平上看，她都有一定的优势。不动声色地打量小 A 一番，装扮上也无可挑剔，尤其是一张不卑不亢的笑脸更让王先生满意。再仔细打量小 B，除了社会经验多点，没有突出的优势。经过初步的对比，王先生更看好小 A。然而通过接下来的一轮考核，让王先生的态度来了个大逆转。

王先生问起小 A 的职业规划时，小 A 干脆利落地表示，目前的目标是两年内进入年薪十万元的行列。孙先生暗自笑了一下，这姑娘的口气倒是不小！根据公司的业务水平，她应聘的业务助理不可

能那么快就拿到10万的年薪。像她这种不务实的员工以前不是没有过，而且或多或少地都给公司带来过一些麻烦。

而小B的计划就比较合情合理：因为我目前没有工作经验，在入职的第一年里，公司可能是在赔钱培养我。当然，我会尽可能地缩短这个时间。所以，我的目标是先自立、后赚钱。我对我自己的要求是能高出您期望值的三分之一。至于我以什么标准来判断您的期望值，这就心照不宣了。

总的说来：小A的计划比较宏观，却有点不切实际；小B的计划虽然看起来不上“档次”，却比较“靠谱”。以王先生的经验来判断：那些满口豪情壮志的人往往干不了实事，反倒是那些不会喊口号的人能创造点实际的价值。

小A和小B最终谁被聘用，就可想而知了。

姿态是实际行动，心态是宏观理想。行动上踏实、务实，才能实现远大的理想。高调表决心的常常被弃用，就是“遵循”了这个原则。

豪门必修课之——有实力不要瞎得瑟

没实力的人得瑟是傻瓜，有实力的不用得瑟也很牛。除了实实在在的能力，神马都是浮云。

你跳出来说你行，别人不一定相信；你低着头专心做事，没准别人就觉得你能行。真有的不会敲锣打鼓地标榜，没有的才生怕别人看穿自己没有。比尔·盖茨从来没跳出来说过“我很有钱，我钱多得花不完”,可全世界的人都知道他曾经是首富。瞎得瑟,也只是娱乐了大众,起不到多少实质的作用。

低调不是不上进,有牛可吹就无需刻意去吹。我们姑且将低调当成一种人生态度,付出时充满热情,面对结果时从容淡定,这样才能找到平衡。其实内心有多快乐,力量就有多强大。结果只在自己手里,全看你如何选择。

搞定婆婆比搞定老公更有竞争力

结婚做人家的老婆不一定会幸福，除非你能找到一个很棒的老公跟很棒的公公婆婆。

——小 S

得婆婆者得天下

要说娱乐圈最争气的儿媳妇，恐怕不是现在如日中天的徐子淇，也不是甜蜜地炫富炫幸福的刘涛，而是上一代的谢玲玲。

有人说了，谢玲玲有什么了不起？到头来还不是和林建岳离婚了？

没错，如果以此来判断的话，谢玲玲作为一个妻子是失败了。可她最成功的角色是“儿媳妇”——这天底下有哪个儿媳妇能让婆婆当成亲生女儿来维护？不要儿子也得要媳妇，这样的待遇够“给力”吧？

想稳坐正房宝座，除了要抓住老公的心，还得合婆婆的意。她老人家凤心大悦了，你的舞台才更宽。尤其是豪门媳妇，这一点尤为重要。婆婆满意了，老公就不敢欺负，地位就更稳固。这跟美丑无关，关键是为人行事是否到位。长辈跟前尽孝、平辈面前和睦、对晚辈更要关照慈爱，言行举止、为人处世处处彰显豪门风范，这是身为一个豪门媳妇的基本要求。

想当年，谢玲玲嫁给林建岳之后，彻底放弃了她如日中天的演艺事业，从此恪守妇道，一心相夫教子、侍奉公婆。她虽然连续生下了五个子女，却完全没有损坏姣好的身材，依旧光彩照人。更重要的是，谢玲玲于公婆面前懂礼法、知进退，尽心尽力，很得翁姑所喜。相处多年，渐渐与婆婆亲如母女。

可惜，林建岳是出了名的花花太岁，根本不可能只守着一个谢玲玲白头到老。面对着层出不穷的“小三”，谢玲玲发挥了超强的忍功，只守着儿女过日子，一声不吭。直到林建岳和王祖贤的情事闹得天下皆知，她才终于忍受不住，和林建岳分居了，并且提出了离婚。

婆婆余宝珠非但没有偏袒儿子，还一直力挺儿媳，说儿子“泡”王祖贤就当是“两千万叫了只鸡”。就算后来谢玲玲与林建岳离了婚，婆婆还一直坚定地表示：宁可不要儿子，也得要这个媳妇，还跟往常一样与她同进同出。谢玲玲分到了四亿多港币的赡养费，比同期离婚的戴安娜王妃都要多，创下了当时离婚赔偿之最。

这说明了什么？婆婆虽不能阻止儿子外遇，却能为媳妇的未来保驾护航。能舍得从自家的腰包里掏钱补偿媳妇，可见这媳妇混得多成功。

林建岳的父亲林百欣病重时，也是谢玲玲陪床伺候。林百欣去世后，她依然以儿媳妇的身份搀扶余宝珠到灵堂。离婚后，婆婆甚至不允许别人叫谢玲玲“谢小姐”，只能叫“林太太”。风流成性的林建岳虽然女人颇多，有的甚至还为他生了孩子，却再也没给第二个女人“林太太”的名分。

如果搞一个“最得豪门婆婆欢心的儿媳妇”排行榜，谢玲玲绝对高居榜首。离婚不离家，从始至终一直被公婆善待和维护。虽然失去了人，但至少得了钱，没有人财两空。如此有尊严的下堂原配可是少之又少。可见走“上层路线”是绝对错不了的。

你还别不信，讨不到婆婆的欢心，媳妇很难过上舒服日子。下面这则小故事，就是一个活生生的“失婆婆者失天下”的例子。

李达十八岁就离开了家到外面闯荡，整整十年没回家。李妈妈日思夜盼，好不容易把儿子盼回来，儿子却马上就要成为“别人”的了——李达带着漂亮的女朋友回来了，并且声称马上就要筹备婚礼。

李妈妈心里那个失落啊！儿子一别十载，其间连个招呼都不打，就直接带着一个女人回来成家，连让老妈鉴定一下的程序都省了。真是不孝！可李达的说法是“我这些年在外面忙的兜头不顾腚，实在是没时间特地让您来过目，反正我岁数也不小了，跟甄好也挺处得来，就干脆办了吧。您非得拦着呢，儿子也听您的，再等两年”。

话都说到这份上了，李妈妈还能说什么？反正人已经领回来了，再难为他们也没多大意思。搞不好会成为儿媳妇一辈子的把柄，将来会抱怨她当年横加阻挠。算了，事已至此，就勉强答应吧！

不过，虽然嘴上同意了，心里却结了疙瘩，怎么也热情不起来。虽然甄好人漂亮、嘴甜，没什么可挑剔的，但李妈妈就是本能地排斥她。说起话来脸上一点笑意都没有，也不要她送的礼物，吃饭的时候没吃几口就不动筷子了，让李达和甄好无所适从。

幸好李妈妈还有个贴心的大儿媳会茹，最摸得清婆婆的脾气。这些年来，会茹不但把家里家外打理得井井有条，还照顾得公婆无微不至。李妈妈没有女儿，又喜欢这个孝顺能干的大儿媳，向来跟她亲近。会茹明白婆婆的心思，两头哄、分别劝，一边宽慰婆婆，一边又拜托甄好多体贴老人家的心情。

甄好确实是很伤心。谁都不喜欢热脸贴了冷屁股的滋味。可对方是李达的亲妈，再不高兴也得忍着，不能使性子。见大嫂来说好话，心里总算舒服了些，但还是忍不住跟李达嘀咕："你妈到底对我哪里不满？干吗对我甩脸子？"

李达不想再后院失火、两头受气，于是赶紧安抚，说妈妈是生他这个儿子的气，一时半会缓不过来，跟她没关系。小两口借着这件事的引子打情骂俏，确实是没有恶意，可却不小心被来给儿子送被子的李妈妈给听到了。

"新仇旧恨"攒到一起，李妈妈更火了，当场就发作了。被子一摔，脸一拉，扭头就走。李达见闯了祸，赶紧硬着头皮赔不是说好话。娘俩没有隔夜仇，可婆媳间消仇解恨就没那么容易了。虽然老太太最终还是同意了李达和甄好的婚事，可从婚礼的前期筹备到婚礼当天，再到后来的相处中，老太太总在有意无意间找甄好的麻烦。

甄好在家也是个娇生惯养的大小姐，哪受得了这等委屈？一次还好，两次将就，三次就到临界点了。李达渐渐就“按”不住了。于是，这婚就结得非常硌硬：李妈妈的脸黑，甄好的脸也黑，婆媳俩像是在比赛似的，谁都不肯低头。

甄好不停地跟李达念叨：“你妈都什么观念？咱俩结婚，碍着她什么事了？凭什么儿子结婚就非得要当妈的同意？她又不能跟你过一辈子。我们相爱不就好了吗？她这么难为我有意思吗？”

还有一点也让甄好非常不满，婆婆动不动就拿大嫂跟她比，结论当然是大嫂比她好、比她懂事听话孝顺、比她会照顾老公，反正哪里都比她好。结婚那天，甄好差点跟婆婆吵起来。因为当着众多亲朋好友的面，婆婆不停地夸大嫂如何如何好，并且声音洪亮地教育甄好多向大嫂学学。甄好能高兴吗？大喜的日子，我才是主角，好不好？你捧别人不就是打压我吗？

要不是李达使劲拉住她，她真想翻脸走人。

婚礼举行完之后，甄好强硬地对李达说：“我坚决不跟你妈一起住，多给点钱我没意见，住一个屋檐下绝对不可能！她不是喜欢她心爱的大儿媳妇吗？就相守着过下去吧，别来烦我！”

李达有点为难。他虽然也不是很喜欢跟父母一起住，但作为儿子，总是有养老的义务的。父母愿意跟谁住，他说了不算。万一父母想跟这个十年没见的儿子亲近亲近，他能拒绝吗？

果然，李妈妈理所当然地传达了这个意愿：“你一直没在我们跟前尽孝，多亏了你大哥和大嫂。现在你成家了，也该尽尽义务了。而且我跟你爸都十年没见你了，该亲近亲近。所以，我们决定到你们家住上一段时间。”

李达顿时头就大了。眼下这时机，老婆和老妈都在气头上，实在不宜太过亲近。可对上老妈那期望的目光，他又说不出“不”字。没办法，他只能好话说尽，劝老婆让步。

甄好虽然委屈地让步了，但跟婆婆一直矛盾不断。这对婆媳，本来就互相不满意。再加上甄好年轻气盛，不愿意让步，总想跟婆婆一较高下，因此，这家里简直就是一个战场，没有消停的时候。李达在中间受夹板气，两边都得罪不起。甄好因为李达保持中立，没有明显地偏向她，又和他吵了不少架。

人就怕比较。在任性、不懂事、不乖顺的甄好面前，李妈妈越发想念大儿媳会茹的好。而会茹也确实做得很到位：虽然现在公婆不跟自己住，但还是每天打电话问安，嘘寒问暖、好话说一箩筐，还常常情意绵绵地说“您不在家，我总觉得空落落的，不习惯，快回来吧!”不管这话是不是真心的，但确实让人听了很舒服，李妈妈每次挂断电话就会夸上大儿媳一番，说她孝顺、贴心，比儿子还投缘。

每次听到这些，甄好心里就不舒服：“你这么喜欢你心爱的大儿媳，为什么还住在我们家？有本事回去啊!”

李达对母亲和老婆的斗法渐渐麻木了。老妈的抱怨他得听，老婆的唠叨他也得接收，时间长了，他就有点怨老婆了：“为什么我妈跟我大嫂相处得像亲母女，到了你这儿就成旧社会的恶婆婆了呢？我十年没回家，现在想尽尽孝，你倒整天给我拖后腿，你到底想不想跟我好好过?”

甄好看不出老公心里的怨气，几乎天天跟他诉苦、告状。后来李达实在忍不住了，就说了她一次："我妈再难缠，也是你婆婆，我也不强求你真心孝顺她，装聋作哑你总会吧？我怎么从来没听大嫂抱怨过她不讲道理？"

这话一说出来，简直像是扔了一颗炸弹。甄好那个气啊！没结婚的时候你甜言蜜语，装得跟三孙子似的，现在倒好，人到手了，就可着劲欺负是吧？姑奶奶可不受这闲气！于是，一怒之下，甄好跑回了娘家。

李达也哄够了，心一横，就没搭理。眼看都僵了半个月了，李达那边还是没动静，甄好妈妈沉不住气了："你这时候就先别耍小性子了。我看李达这次是真生气了，那老太太再不讲理也是他妈，你非得跟他拧着干，有什么好处？他现在什么也不缺，肯定有不少小姑娘盯着呢，你可不能大意了。"

甄好嘴上说"被人盯着正好，我正想扔了呢"，心里却没底，最后还是找了个借口回去了。这一回家，更气了，家里已经彻底成了他们李家人的天下！原来，大嫂带着儿子来看爷爷奶奶了，说是想念他们，顺便接他们回去。

甄好看着婆婆在自己家像皇太后一样颐指气使，气就不打一处来。但一想到婆婆马上就要走了，心里又非常高兴，也就不再计较她的"越权"，咬牙忍了。可是，她虽然"宽宏大量"了，却还是没能避免一顿争吵。

晚上李达回到家，一看她回来了，也没说什么，该干吗就干吗去了。吃饭的时候，出事了。

李达夹了一口菜刚吃到嘴里，就赶紧忙不迭地喝水，吐着舌头说："怎么这么咸啊?"

甄好幸灾乐祸地说："这可是咱妈特地为你炒的，说你爱吃。"

李妈妈脸上很不悦，尝了一口说："我吃着不咸啊！会茹你尝尝。"

会茹尝了尝，若无其事地说："这不正好吗？咱爸最近感冒，嘴里没什么味道，妈特意做得咸点，就想哄着他多吃点饭。咱们多就点饭，照样能吃!"

甄好心里不屑：就知道拍马屁!

公婆却很高兴，公公直点头，笑眯眯地一脸慈祥；婆婆有了台阶下，越发理直气壮，还振振有词地说："我就说嘛，还是会茹最孝顺！你爸都病了好几天了，你们个个都记不住。要不是有她，我们老两口还不知道指望谁呢！唉，有的人啊，自己什么事也不干，还整天盯着别人不放，真不知道安的什么心!"

李达没把老妈的这些话放在心上，还笑嘻嘻地说以后多向大嫂学习，甄好却火了，这指桑骂槐的说谁呢？婆婆分明是故意说给她听的，她能忍吗？于是，一个没忍住，甄好就发作了。她碗一推，呼地站了起来，恶狠狠地盯着婆婆说："妈，您有话直说，用不着这么指桑骂槐的！我怎么什么事也不干了？你们又不喜欢我，我犯贱总得有个限度吧?"

李妈妈先是愣了一下，后来就筷子一放，拍着大腿哭起来，一边哭一边说自己命苦，活像是受了天大的委屈。李爸爸也火了，脸一拉，扭头对儿子说："我还没死呢，你们就想欺负你妈?！是不是还想把我们轰到大街上去?”

李达既没面子又生气，抬手就给了甄好一巴掌。甄好长这么大，没挨过自己父母一指头，想不到居然让老公给打了！又羞愤又心寒，怎么也不肯善罢甘休。一时间，夫妻俩撕扯在一起，闹得天翻地覆。

因为这件事，李妈妈和老伴提早跟着大儿媳回家了。在车站上，李妈妈拉着儿子的手直掉眼泪，说自己老糊涂了，本来是想看看儿子，却给儿子添了堵，以后再也不来了，只要他们小两口过好了就行。

李达别提多堵了！在这件事上，他已经分不清楚谁对谁错了。但老娘受了委屈，这却是不变的事实。身为人子，却没有好好尽孝，这事说破大天去，也是自己不对。现在闹成这样，父母确实是不适宜继续在自己家里住下去:难道要把他们气死才算吗?

父母回家后，李达跟甄好冷战了很久。就算后来和好了，这件事也一直像一根刺一样，一想起来就疙瘩。就在这时候，小晴出现了，既善解人意又乖巧孝顺，常常提醒他给家里打电话，父亲节、母亲节时还帮他挑好礼物送回家。

因为经历了老婆和母亲间的残酷战役，李达对这样的女孩子非常向往并且欣赏，于是，就顺理成章地好上了。两人好了一年多后，无意中被甄好发现了。甄好跟李达大吵了一架，又哭又闹，还寻死觅活。直到这时候，甄好才意识到“后援”的重要性，她发现自己在李达家里根本是孤立无援的——公婆虽然骂儿子，但并没有真正地责怪他；哥嫂的态度也很暧昧，支支吾吾地怪她不该避孕，要不然有了孩子，李达起码会顾忌一些。更让甄好气愤的是，她听别人说，公婆还私底下见了“小三”，并对她赞不绝口！

甄好真是连哭的心情都没有了。事已至此，再坚持有什么用？反正在这个家里连尊严都没有了，还不如索性一拍两散，双方都是个解脱。

结婚不到三年，甄好就成了失婚女。走出那个家的时候，她看到前任公婆胜利的笑脸时，竟发现自己一点疼痛的感觉都没有。从发现老公出轨到离婚，已经纠缠了将近一年的时间。爱早就没了，只剩下了满心的疲惫。原来，光有“爱”真的不够！她说不清楚自己是不是后悔。有时候，她也会想：如果当初没得罪婆婆，好好跟她相处下去，结局是不是不一样？但是，这想象还有什么意思呢？她已经不是李达的妻子，而且对这段关系心有余悸，甚至对“婆婆”两个字都产生了阴影。

而那边，李达跟甄好离婚后不久，小晴就转正了，同年还给他生了一个漂亮的女儿。有女万事足的李达一脸幸福样，走到哪里都笑呵呵的。当然，最让他省心的是，现任老婆跟老妈相处得不错，家里安稳，自然就后顾无忧了。

豪门必修课之——谁是你太太，你妈说了算

皇上是主子没错，但也是皇额娘生的。就算是母仪天下的皇后，也不敢明摆着踩在皇太后头上。朝廷内外、前宫后院都看着呢，身为一国之母，就得为万民表率，这才值得敬仰。谁让古语讲“百善孝为先”呢？就算是为了作秀，皇帝也得把皇太后摆到至高无上的

位置上，要不然他的天下都不稳，你连生你的老娘都不能孝顺，怎么可能做一个好皇帝？

就算在民间，也没人管媳妇的“婆家”叫“丈夫家”，因为家里不光有老公，还有老公的妈——地位超然的婆婆。婆婆的影响力有多大，就不用细说了。想在婆家站稳脚跟，就得把婆婆伺候好。就算她帮不了你，也别让她拖你的后腿，这叫战术。

放到现在，这理儿照样好使。一个爱父母的男人，才值得你爱，这至少说明他懂得感恩。所以，你想要珍惜一个好男人，就要先珍惜他的父母。如此，他才会在爱情之外给你一份更牢靠的感激。谁都知道，在婚姻里，爱情的药效有限，能保一世太平的常常是亲情。很明显，我们需要的不全是爱情。

新娘不及老娘大

张柏芝高调复出了。在新一轮轰轰烈烈的“圈钱”运动中，这位曾经饱受“艳照门”困扰的前玉女明星的婚姻生活再次受到了空前的关注：肥嘟嘟的二儿子，超级精灵可爱的大儿子，越来越酷、越有型的帅哥老公，年纪一把了还拉风地玩“祖孙恋”的公公，又潮又有型的婆婆……在谢家这个不算豪门的豪门里，一直是超级新闻人物的张柏芝越来越如鱼得水。她曾经辉煌的情史、她大白于天下的难堪，终是抵不住跟婆婆牵手喝下午茶的温馨时刻。实情也好、作秀也罢，我们作为看客，只看到了她光彩流离又平凡的幸福生活。

一个女人能活成这样，还有什么不知足的？老公帅、儿子可爱、公婆宠爱、事业有成，要说幸福，也不过如此了。

可是，女同胞们，张柏芝能有今天，也是熬过来的。在此之前，她也曾不见容于厉害的婆婆狄波拉。幸好，她是一个肯为了爱委曲求全的女子，所以才有了守得云开的今天。

张柏芝出道的时候，虽然是以玉女的形象红遍娱乐圈的。但她曾不止一次地说过："我不是玉女。"而且，她也从来没有刻意地伪装过。她抽烟喝酒样样精通，性格豪爽得像个男生，还是个爱情比天大的主儿。因为在感情上受了伤害，她痛苦得都顾及不到自己在媒体面前的失态。明知道走到哪里都有记者和狗仔跟踪，可她还是忍不住在大街上痛哭。

所以，尽管她和谢霆锋外形很相配，尽管她是影后，尽管她在镜头前艳光四射，但所有人都想不到她能和又帅又个性的小谢走到一起。那么，你就可以想象出她和小谢私下结婚后狄波拉的震怒。

狄波拉是谁？她是香港第一个港姐，曾经红极一时，在娱乐圈也是有头有脸的人物。怎么可能轻易咽下这口气？据说狄波拉为这件事哭了一个星期，还公开表明她不知道自己当了婆婆，所以对于各方朋友的恭贺不知如何接受。而且，退一步说，这个媳妇的家庭背景也着实让人头疼：亲家公曾经是黑社会分子，张妈妈没有正式职业，张弟弟也是个游手好闲的无业游民，媳妇要一个人养好几个家，这将来不都是儿子的负担吗？

谢霆锋百般游说母亲，却依然得不到母亲的谅解。张柏芝是个聪明人，知道自己虽然如愿嫁给了心爱的人，却不代表就是真的进了谢家的门。婆婆不认可，那幸福就立足未稳。想要长治久安，就得先把婆婆哄开心了。

据说，狄波拉最终认下张柏芝，是因为这个高高在上的影后儿媳跪下来向她认错。要不就说张柏芝有能耐，这样的事有几个人能做出来？婆婆笑了，老公就没负担了，自己也站稳脚跟了，一举数得，何乐而不为呢？尽管那下跪的瞬间很难过，可只要忍过去了，就有未来啊！

狄波拉接过媳妇跪着奉上的茶，就代表她接受了这个媳妇。但这只是万里长征成功了第一步，接下来还有更多的硬仗要打。为了拉近婆媳之间的距离，张柏芝使出了浑身解数：送婆婆喜欢的名牌，隔三差五开 PARTY 请婆婆参加，承诺一定要为谢家生下四个孩子，并保证如果今后有戏约她，一定先请示老公和婆婆，得到允许之后才会接拍。“别人给你台阶，你便要在适当的时候走下来”，拉姑如是说道。而我们也渐渐看到，好不容易杀进谢家的张柏芝开始得到婆婆的疼爱。

为了给长期吃斋的儿媳补身体，狄波拉经常亲自给柏芝煲汤。本来不吃肉的柏芝很听话地照喝不误，让婆婆安心、放心、舒心。在婆婆的精心进补下，张柏芝很快怀孕了。Lucas 出世后，一家人更是其乐融融，羡煞旁人。

关于狄波拉对张柏芝的疼爱，有一个小故事可以证明：有一年，张柏芝过生日，谢霆锋拍戏回来后，跑到爱马仕的专卖店想给老婆选一个可心的生日礼物。没想到，他想要的那款包包没有了。营业员告诉他：“你妈妈已经买走了，说是送给你太太的生日礼物。”谢霆锋非常感动。他觉得愧对母亲。母亲为了让他没有后顾之忧地工作，能替他想的都替他想到了、做到了。谢婷婷也说：“妈妈自己都舍不得用 Birkin，但却舍得给嫂子买。”

一个当婆婆的，能做到这一步说明了什么？她是真的认了这个媳妇，并且真心地爱护她。就在大家以为张柏芝苦尽甘来的时候，“艳照门”爆发了，立刻打破了这刚刚到来的和谐。很多人都认为，张柏芝和谢霆锋的婚姻算是走到了尽头，肯定过不下去了。

没想到，狄波拉竟然在媒体面前力挺儿媳，并且发短信给张柏芝安慰她，说过去的事情就是过去式了，没必要追究。张柏芝感激不尽，趴在婆婆怀里痛哭。

儿子在全国人民面前被戴上了“绿帽子”，哪个当妈的能好受？但狄波拉为什么能忍了？一是说明她这个人开明大度，二也说明张柏芝确实做得很到位。

有媒体说，“艳照门”之后，因为公婆震怒，张柏芝被逼签下了一些协议，并且窝在家里乖乖当好媳妇。直到事情过去了两年，才渐渐平息了公婆的怒火。特别是二儿子出生后，才解了禁，被允许出来工作。就算事实真是如此，又有什么关系呢？张柏芝如愿地守住了她的家庭，这才是真正的胜利，不是吗？

豪门必修课之——爱他更要爱他妈

她是你老公的亲妈，单凭这一点，你就得对她致以一万分的敬意：感谢她给你教养了这么优秀的老公，从而间接给了你一份如此

甜蜜的幸福。你已经不劳而获地接收了婆婆辛苦二十多年的“劳动”果实，至少应该给她点安慰让她释然一下。就算没办法对婆婆付出真心，也要做出爱她的样子，适当的嘴甜是能耐，适当地讨好是聪明，谁让她既是你的长辈，又是你的前辈呢？

“小三”来了，没准儿婆婆的态度就成了击退敌人最有力的武器；跟老公闹别扭了，只要婆婆跟你站在一边，老公想不乖都难；家里忙不过来，婆婆添上一双手，儿媳轻松又自由……

婆婆的宠爱是你手中的一张王牌，先把这张牌打好了，再去做先生的红颜与情人，何愁婚姻不能长久幸福？

豪门媳妇为什么爱打“乖乖牌”

我不需要名，我不需要利，我不需要手段和心机，我只要跟你手牵手一起看电影，我只要躺在你怀里，听你的呼吸。

——小 S

卖乖——得便宜

2011 年年初，媒体爆料千亿媳妇徐子淇终怀第三胎，而且这次是双胞男胎。如果真是这样，就皆大欢喜了。从嫁进李家开始，这位幸福的豪门媳妇就得到了全天下人的祝福：奢华的世纪婚礼，公公的疼爱，老公的专情，阔绰悠闲的贵妇生活，像标签一样贴在了这个港产灰姑娘身上。有意思的是，尽管她幸福得让人嫉妒，却没有扎眼到让人不舒服。为什么？

因为她很乖，乖得让人嫉妒不起来。相反，只会由衷地祝福她。

都说豪门的媳妇不好做。家大业大，规矩多，要求高，这是必需的。尤其是“高攀”进去的媳妇，更得花费更多的精力去适应并

融入夫家的生活。徐子淇的婚姻太美好，这是事实，但那是徐子淇自己苦修得来的。还是那句话：没有什么是无缘无故得来的。想得到，就得先做到，什么事都不例外。

其实，说起来，徐子淇也蛮符合豪门媳妇的要求：长相雍容大气，出身中产阶级之家，接受过良好的教育，身家清白，人又乖巧懂事。这些基础条件过硬，是她能自得地混迹于豪门的必要前提。但这位幸福的千亿媳妇能风光若斯，显然也是下了大工夫的。

身为一个豪门媳妇，清白的名声简直像生命一样重要。徐子淇比谁都明白。不管婚前的生活如何精彩，人气如何旺盛，既然打算嫁做李家媳妇，从此以后就得安分守己，做个“一身清”的好媳妇。先是婚前放话无心恋战演艺圈，之后就毅然放弃了13岁出道辛苦打拼了十余年的事业，开始了“两眼不瞄窗外事，一心只做准媳妇”的生活。无论是婚前还是婚后，徐子淇一直表现得贤惠体贴，谢绝一切不必要的社交活动，把大多数的时间留给家人。这等的懂事和诚意，怎能不让夫家满意呢？男人与女人一样，都需要安全感，找老婆自然要放心。试问，天底下哪个男人会拒绝这样的乖媳妇呢？

自结婚以来，徐子淇每次出现在媒体面前时，都表现得大方得体、雍容大度，很有豪门贵妇的“范”儿，这也跟她接受过高等教育有关。徐父徐母从小就非常注重女儿的教育，不惜重金栽培，基于良好素质而散发出来的好气质给公公李兆基留下了很好的印象。而且，为了提升品位，她还专门学习琴艺书画。艺多不压身，尤其是女人，多学几门才艺总是有好处的。豪门贵妇的一生都要豪华无匹，最“豪”的不是钱，是那份凌驾于普通人之上的华贵气质。豪门那碗饭不是那么好吃的，就连吃饭的样子都得配得上吃[illegible]的碗，没有各项优秀素养来支持，是很难撑下来的。

但是，豪门媳妇的心思不能光放在修身养性上。豪门这份煊赫的家业需要继承人，最好还是多多益善。不下蛋的鸡就算长成凤凰的模样，也不受人欢迎。踏进了豪门，就得先贡献出肚子。关键时刻，最有话语权的还是肚子。徐子淇当然很明白这个理儿，多次在媒体前放话说喜欢小朋友，婚后一定以相夫教子为首要任务，承诺多给李家开枝散叶。盼孙心切的公公自然格外欢喜，慷慨地以4亿礼金风光迎娶儿媳进门。那场奢华至极的婚礼，简直“秒杀”了全世界的未婚、已婚女性：这样的婚礼才是婚礼啊！

虽然如愿踏入了豪门，还不能美得太早，修炼是所有豪门媳妇一生的事业。杀进去只是第一步，怎么风光下去，才是关键。徐子淇的聪明之处就在于知道什么时候该做什么。虽然进了大富大贵的李家门，徐子淇却没有守着金山的感觉，更从不刻意炫富：挑选必需品一般都找赞助商，媒体曝光豪门奢侈媳妇也从来没有过她的名字。有钱是一回事，勤俭持家是另一回事。老公辛辛苦苦赚钱不容易，可以花，但不能无原则地浪费。这份体贴够窝心吧？又怎能不让老公和公公赞赏呢？

当然，媳妇再好，总不如孙子值钱。乖巧的徐子淇固然得家翁欢心，生不出继承人总是无法交代。谁都佩服徐子淇甘做“生子机器”，要孩子不要苗条身材，这可不是每个豪门贵妇都可以做到的。比起宁可收养也不愿自己生的某骨灰级贵妇，徐子淇实在值得每个豪门称羡。为了实现两年抱三、六年抱四的目标，徐子淇一直不遗

余力地做好“造人”准备：食补、医疗统统体验，不惜营养过剩，导致身体发福。还好，上天总是厚待徐子淇的，这发福倒又平添了几分雍容华贵。在大伯李家杰找孕母生下三胞胎之后，连续诞下两个女儿的徐子淇说没有压力谁都不会相信。但向来打乖乖牌的徐子淇说话永远让人那么舒服：“大伯有儿子是我们的福气，老爷有孙子抱，我们也开心啊，而且也松了口气。不过，老爷喜欢小孩子，家里热热闹闹的他会很开心，所以我们依然会努力。”

瞧瞧，这话说得多漂亮、多贴心、多无可挑剔！老公听了有面子，老爷听了好心情，皆大欢喜。

徐子淇会说话，这是有口皆碑的。有媒体报道说，徐子淇曾经三两句话促成公公买豪宅让自己养胎。大致经过是：公公对儿媳说，白加道有块地皮，叫阿诚去买。徐子淇不但没有张口要，反而当即回应说，老爷这块地好贵，你买啦，我可以上来看你。随后李兆基说，我买了，预留一份给你喽，上来一起住。

大户人家缺的不是钱，是一份心意。好话谁不爱听？说到心坎上的好话尤其值钱。孝顺媳妇已是难得，贴心又懂事的孝顺媳妇岂不更是万里挑一？嘴巴抹上蜜说话，总不会吃亏。同样是说话、费一样的力气，为什么不多说句好话赚个高兴呢？

至于如何设计新屋，徐子淇笑言：新潮的设计虽然自己和老公喜欢，但公公喜欢较为传统的，不能不合公公的意。

这就是好媳妇的妙用。在儿子受限于中国人传统的含蓄时，可以直白表示情感的媳妇就可以适当地出场了：做好了，是两口子的面子；做不好，也不赖男人，可能是媳妇某个方面没有考虑周到。

“太太交际”，是放之四海而皆准的，尤其是在豪门大户，男人在外面拼事业、挣家产，女人就得在家里博高堂欢心，争取上层支持。乖，是一种投诚的姿势，上下通杀。正如会哭的孩子有奶吃，卖乖也算是得好处的“订金”：表现得太好，谁好意思让你委屈呢？所以，卖乖就是得便宜，这是豪门媳妇们的生存之道。

在所有人都在讨伐“80后”有勇无谋、自私自利的时候，“80后”的豪门媳妇徐子淇已经成功地成了许多人的标杆。家外光鲜，家内受宠，着实不简单。据说，徐子淇不但深得公公喜欢，就连曾经风流成性的老公李家诚也收敛了往日脾性，成了好男人。夫妻俩每次出现，都是一副恩爱有加的样子，也没有任何绯闻传出。2009年，《南都娱乐周刊》独家策划的“豪门媳妇幸福榜”上，徐子淇荣登榜首。既然是网友们投票选出来的，就说明她确实是众望所归。

豪门必修课之——顺毛摩挲是妙招儿

我们是人，不是神。神被供着，我们也梦想被供着。向往豪门的姑娘们每天做阔太梦，嫁进了豪门的女人每天谨慎小心，还不就是为了争取“被供着”的机会？可这个名额是有限的，不是见者有份。豪门不缺媳妇，要的只是万万里挑一的好人选。有压迫就有反抗，这话放在这儿倒过来说也合适——有反抗就有压迫。

弓虽强，无箭枉然；女虽好，有勇无谋也白搭。除非你比豪门还“豪”，否则你所谓的个性就是臭毛病。看人低的从来都不是“狗眼”，而是狗的主人。千万别觉得乖巧懂事、低眉顺眼是委曲求

全或者忍辱负重，在所有的家事里，这种姿态永远不会被淘汰。顺毛捋，出错的机会总会少一些。既然知道触逆鳞的后果，直接避开雷区才是明智之举。

本分——没刺儿可挑

随着郭晶晶退役申请的批准，有好事者开始猜测跳水皇后什么时候能嫁入霍家门，跻身于豪门贵妇的行列。毕竟绯闻已经传了好久，霍家的欢迎也有目共睹，貌似没有任何理由阻挡这桩众望所归的婚礼的举行。而最近几年越发有“贵妇”范的郭晶晶，在所有人眼中早就是霍家内定的媳妇，早晚要嫁，只是时间的问题。至于真相如何，我们不知道，也无从证实，只能拭目以待了。

同样是跳水皇后，伏明霞的豪门婚姻就显得顺遂并且无悬念了许多：年纪轻轻就退役嫁人，有儿有女，生活富足，每次出现都是一副标准的幸福豪门贵妇模样。结婚多年来，从来没传出过绯闻，似乎确实过得平淡而幸福。婚后深居简出的伏明霞，也是“幸福豪门媳妇”榜单上的常客。都说群众的眼睛是雪亮的，这说法应该不是毫无根据的。

但是，伏明霞和丈夫梁锦松这段婚姻，开始并不被大多数人看好。别的不说，光是这不小的年龄差就是个障碍：太“忘年”了吧？但两位当事人却毫不介意。梁锦松说：“我们的年龄不是差距，我很清楚什么样的女性适合做我的太太。”

这么多年过去了，事实已经说明了一切。看戏的人早没了恶意猜测的兴致，而戏里的人也兀自幸福着。

其实，这一对都是名人，都各有能耐，说真格的，除了年龄不配，别的都非常般配。

梁锦松是谁？他是香港出了名的财神爷，1974 年起在花旗银行任职，并且长达 23 年。2001 年出任香港财政司司长，2003 年辞职，2007 年加入黑石集团，成为大中华区主席。香港人应该还记得 2003 年 7 月 16 日晚上梁锦松的辞职声明："我相信现时是我离开的好时机，理由有三：第一，《拨款条例草案》及财政预算案内主要的收入建议已获立法会通过；第二，非典型肺炎已受控制，重建经济活力措施已开始落实，而最受影响行业的复苏比预期强劲；第三，在《内地与香港关于建立更紧密经贸关系的安排》方面，我们已踏出成功的一步。我很高兴有机会为香港市民服务。期间，无论在任何时候，做任何事，我都问心无愧。能够成为行政长官领导班子中主要官员的一分子，我深感荣幸。我衷心祝愿行政长官在管治香港和实现本港经济转型方面创出佳绩。"那是他迎娶伏明霞之后的第二年。

辞职后，梁锦松加入了黑石集团，伏明霞也由官太太变成了商人妇，但依然过得有滋有味。

梁司长也曾是社交场上的风云人物，一度非常活跃，还有过几段风流艳史。在与伏明霞结婚之前，梁锦松已经有过一段婚姻。相传他婚内出轨，爱上了已婚的女同事，妻子知道后，一气之下就跟他离了婚。而且，传说梁司长也如同大部分有钱人一样，曾经差点

跟娱乐圈结了亲，他跟女艺人陈慧珊的绯闻一度闹得沸沸扬扬。香港媒体报道，梁锦松常开着价值百万元的保时捷接送陈慧珊上下班。可除此之外，神通广大的狗仔却再挖不出更有价值的新闻来证明他们确实有过一段感情。估计伏明霞和陈慧珊的长相气质有点接近，也是被不断拿来八卦的原因之一。

有意思的是，伏明霞的经理人叶静子也跟梁锦松闹过绯闻，还传说伏明霞之所以跟她决裂，就是因为梁锦松。不过，伏明霞并不承认这个说法："你们说的，报纸说的。"

尽管顺利地走到了一起，但这桩婚姻却在开始没多久就遭到了重大的考验。伏明霞生下女儿后，因为一辆凌志房车引发了导致梁锦松下台的"偷步买车"事件。

2003 年 3 月，香港传媒揭发梁锦松在大幅提高首次汽车登记税前买入了一辆凌志房车。想当然地，梁锦松遭遇了从政以来最严重的危机：立法会质询、民望暴跌、廉署调查……

对此，梁锦松辩称买车是为了方便接载将出生的婴儿和家人，因为忙着准备迎接婴儿出生及预算案，这才忽略了避嫌，并非存心避税："太太从镁光灯前退下……身怀六甲，从天亮直到天黑等着我回家。准备 BB 出生的事，买婴儿床、尿布、奶瓶等，都是她一手包办，我没有时间为她张罗。她需要一部房车，方便 BB 出入，做丈夫的能力所及，自然会顺从她的意思。"

可是很遗憾，没有用。2003 年 7 月，梁锦松最终还是辞职了。丈夫离任财政司司长后，伏明霞一直陪着他住在香港浅水湾的别墅里，深居简出，避开公众视线，过着低调的生活。蜕下"跳水皇后”的光环，成为“梁家妇”的伏明霞似乎已经完全投入了这个角色，最在乎的是那个人的心境，而不是身份。她淡淡地说：“既然家里有他，那家就由他管。”

虽然伏明霞出现在公众面前时大多打扮得端庄得体，但她也常被记者拍到悠然地去做一些平民举措：乘坐商务舱外出，平时出门也会搭地铁代步……这不是钱的问题，纯粹是一种态度。节俭并不丢人，也不是普通人的专利。相反，豪门贵妇节俭，反倒更耐琢磨。

女儿两岁半时，伏明霞又为丈夫添了一个儿子。十一二岁就离开家进入跳水队，衣食住行全由教练操办，家务活从来没摸过的伏明霞，在这时已经成了合格的家庭主妇了：能照着菜谱翻新花样满足老公的胃，还能自己带孩子，做得驾轻就熟、心满意足。

或许是性格使然，伏明霞给人的感觉从来都不是野心毕露或高调张扬。特别是结婚以后，她给自己的定位好像就只是梁太太，甘于平淡，安心做好丈夫背后的小女人：得意的时候照顾他，失意的时候陪伴他，同进同退、相互扶持、本本分分，让人挑不出刺来。娶妻娶贤，在这一点上，伏明霞表现得非常到位。而梁锦松在婚后也从没传出过负面的绯闻，这似乎也是婚姻满意度的一个侧面证明。

豪门必修课之——要同甘，更要共苦

正如飞得再远、再高的火箭都有能量耗尽的时候一样，人这一辈子，不管多么得天独厚，都不可能一世顺遂。就像梁锦松常说的一句话：“有多久风流，有多久折堕。”就算是希尔顿这样什么都不

缺的天之娇女，也曾有过一段牢狱之灾。何况大多数人并没有她这样的投胎技术：生下来就是万千宠爱在一身的“公主”，有别人奋斗N辈子都换不来的财富护驾；长得又不错，作为一个女人的本能魅力也不欠缺，对男人有一定的吸引力……

有起有伏是人生的必然规律，谁都不可能永远独享涨潮时的风光无限。如果非得在男女间画一个分工的话，男人吃苦，女人就得共苦，这是共享太平的基本前提。凡事讲究一个公平，这符合等价交换的规则。你负责貌美如花，他负责赚钱养家，不是不可以，但有能耐的女人都不这么干，因为如果你不具备“共苦”的能力，就会丧失被别人“供养”的资格。

第三章 先修身养性，再齐家治国

修身、齐家、治国、平天下，这是古人给出的立世顺序。事实已经一次又一次地验证过它的正确性，在此不庸赘述。不用怀疑，在豪门里混，如果连这点眼力价都没有，还是趁早洗洗睡了吧！

这一条，就是修身养性。说得白一点，身为豪门媳妇，没点受气包的天赋，是混不出名堂来的。你得比别人淡定，你得比别人和谐，你得比别人识大体、顾大局，你还得体面、排场、有涵养……否则，对不住了，豪门的名额有限，削尖了脑袋想挤进来的人数不胜数，总会有愿意服从这些规则的人出现。修身养性是第一步，这一步过关了才能进行第二步、第三步……

最无敌的是淡定

我觉得这么多年来，最要保护的是自己的心态，我不卑不亢，高我也可以接受，低我也可以很坦然。

——赵薇

别人的羡慕都是浮云

在某家居杂志公布“晴格格”王艳在京城毗邻紫禁城的亿万豪宅之前，大多数人并没有想到她原来嫁得这么好。虽然她很早就承认自己已经结婚了，可是却从来没有表明过老公的身份。随着“王府世纪”的曝光，王艳的豪门贵妇身份也大白于天下。

嫁给有钱人本来不是多了不起的事，真正让人震撼的是：住在这样一个大而华美却又显得有点高深的寂寞的家里的女人，居然可以生活得如此甜蜜！

王艳无疑是幸福的：有一个可爱的儿子，老公宠爱，婆婆喜欢，跟继子的关系不错，在圈子的名声又好……电视剧里潇洒帅气的尔康放弃了晴儿，可真实的生活中，晴儿却自有她的幸福。喜欢她的观众们都真心地为她高兴：好女人过着好生活，是再完美不过的搭配。

比起别的嫁入豪门的女星，王艳与老公的结缘甚至都有点土气：他们是相亲认识的。那时候她还很年轻，也没有想到“相”的这个人以后会在她的生命中扮演怎样的角色。两人简单地吃了一顿清水白菜汤和素菜饼，就各回各家了。

两人最终能走到一起，应该要感谢王艳的发烧。女人是生活在细节里的。或许只是一件小事，却往往能成为打动她的利器。这场小病，让两个人的感情突飞猛进，让王艳动心的是这个男人居然很细心体贴。

就这样，年纪轻轻的王艳就早早结婚了。看起来，她的豪门之路实在是简单得有点离谱。王艳曾这样描述过她的人生：“我人生中第一件大事是10岁就一个人考到北京舞蹈学院，第二件就是遇见自己的先生，真的只能用幸运来形容。”有些人有心栽花，这花却怎么也不开；有的人无心插柳，却能换来柳树成荫！很明显，王艳就属于后者。因为太顺、太理所当然，就像她自己说的，好像真的只能用幸运来形容。有多少个女人都在梦想可以站在自家的空中花园里抬头就看到紫禁城啊！几百年前的皇宫、皇帝住过的地方，此时就在自己的眼底，安静、沉默，不再那么霸气和不可一世。那种感觉，多膨胀啊！可是，不好意思，这样的福气不是每个人都有。而幸运的王艳，也不是凭空就可以安享这一切的。

在圈子里，王艳的人缘极好，也几乎没有过负面新闻。可别小看这个人缘，这几乎可以算做是评判一个人是否优秀的重要标准之

一。能否在团队里收获较高的人气，可以看出许多东西：协调能力、团队意识、处事技巧……尤其是在充斥着各种“明规则”“暗规则”的娱乐圈里，人缘有时候还能起到决定生杀大权的作用。

某个明星因为得罪了某人而被使了绊子，结果名声大跌、事业受损，这样的事屡屡见报，所有人都已经习以为常了。要么有后台，要么有实力，要么人气高，总之，想要在这个圈子里生存下去，没有点防身术是万万不能的。

能混出好人缘，至少说明这个人有能力跟别人相处得很愉快。而且，王艳志不在此，也不需要辛苦地在娱乐圈打拼，出来工作纯粹是爱好，有点“玩票”的性质，根本没必要刻意赚好人缘。唯一的解释就是她这个人确实不错。况且，你能让一个人说你好，但你能让所有人都说你好吗？

当年拍《还珠格格》时，提起王艳，差不多所有的人都交口称赞：她虽然家境优越，却从不炫耀，也不参与别人的是是非非，就只是做好自己的工作。而且人也很热心，她从不介意用私家车带演员们换拍摄场地，而且是能载多少人就载多少人。这些事或许不大，但在别人眼里，却是有一定记忆度的。毕竟这些事跟她没什么关系，帮了是人情，不帮也怪不到她头上。贵妇通常都很“贵”，排场大、脾气大似乎是必备的“气质”，不摆架子、为人和善的贵妇能不让人喜欢吗？

网上曾有一个帖子“揭秘”王艳的豪门生活，说拍《南城遗恨》的时候，因为拍摄的条件比较艰苦，为了让王艳能舒服地拍戏，老公王志才特意调了一部奔驰 G 系列的豪车到片场供王艳休息之用。剧组的演员羡慕不已，言谈间提起时，王艳就笑着说：“我家有12辆车呢，有空来我家玩，随便参观。”

这些传言的真实性也在后来的一些事件中得到了侧面的证实。比如王艳的继子王朔泡妞用的豪车名单曝光时，就有好事之人比对过：果然是所言不虚啊！当然，这些八卦除了显示了王家有钱之外，也间接体现出王艳的为人：亲和、好相处。

王艳的老公王志才说：“王艳从来不让我评价任何一个艺人。”看看，人家不仅能管住自己的嘴，还能管住身边人的嘴。如果关系到自己，王艳就会满不在乎地说：“我根本就没往心里去。”其实这个世界很小，有些不该说的话传来传去，总会传到当事人耳朵里去。不说，就不会有龃龉；不往心里去，就不会产生大矛盾。

这种处世哲学是很聪明的。能嫁入豪门或许是幸运的，但能坐稳豪门阔太太的位子却是需要学问的。可以说，王艳的性格在她的人生中起到了相当重大的作用。

前面已经提过，不管豪门还是非豪门，婚姻幸福指数的高低，常常跟婆婆有着莫大的关系，严重的甚至到了得婆婆者得天下的地步，在王艳家也不例外。

据说王艳的婆婆是皇族后代，自然不是那么好伺候的。王志才曾这么说道：“王艳不但对我好，她对我们整个大家族都好。我们是与我母亲一起住的，她老人家岁数大了，身体也不好，而且她是皇族后代，脾气非常大。要想得到她的认可很不容易，但她跟王艳特别好。王艳还说我母亲就是这个家的‘老佛爷’，当初王艳没拍《还珠格格》第一部，就是因为那时我母亲要做心脏手术。有时候，

我跟母亲说话时语气硬了一些，她还会提醒我跟老人家说话要注意点，她那么大岁数，要让着她，让她高兴。”看吧，这简直就是活脱脱的“晴格格”嘛！电视里那位善解人意、知书达理的晴儿，简直就是王艳的本色演出。有贵为皇族后代的婆婆撑腰，王艳在王家的地位就不言而喻了。

直到现在，王艳半开玩笑地说上一句：“我想你了”，老公还会立马“飞”回到她面前，羡煞旁人。很多人都说：有个家底这么丰厚又这么疼爱自己的老公，还需要出来工作吗？但王艳却没有彻底退出娱乐圈，而是时不时地演上几部戏，认认真真地在自己的事业领域里享受着工作的劳累和快乐。

不晒幸福、不炫财富，不是每个人都能做到的。说白了，你的幸福跟别人无关，别人的羡慕也不会为你实质的幸福指数增砖添瓦。“卖弄”就是“烧包”，“烧包”就会“得瑟”，“得瑟”大了就容易闪了腰。一切都是淡淡的，好与不好，只交给自己消化，其实是一种“信天信地不如信己”的态度。真正有的人不用刻意吆喝，没有的人才生怕别人以为自己没有。如果你够清醒，就能明白：在你自己的生活里，别人的羡慕、嫉妒、不屑都是浮云，不值得大费周章地去抓。

豪门必修课之——淡定者，不平淡

当“淡定”两个字借由一部喜剧电影而传遍天下的时候，因为它出现的桥段带有一股无法忽视的喜剧色彩，就“不幸”沦为了一个调侃意味极强的词汇：暴躁了，要淡定；生气了，要淡定；沉不住气了，要淡定；高兴到发疯了，要淡定……

其实我们有什么资格调侃它呢？它的出现，几乎贯穿了伟大人类的所有的情绪。人类有能力主宰这个世界，却没有能力控制自己的情绪。而这些情绪，却常常决定着生命的质量。“巧合”的是：那些凌驾于情绪之外的人，往往才是不平淡的。奇怪吗？不奇怪。

淡定的本质是笃定。因为只有做到清醒、理智、克制，才能最大限度地规避情绪带来的攻击性。淡定者不平淡，这是一种多次被验证过的规律。

真幸福不需要“晒”

王菲在台湾开演唱会，吸引了许多明星级歌迷的关注和捧场。台湾出动了什么规格的人物、内地追随了哪些分量十足的大腕，一度成了大新闻，铺天盖地砸得人眼晕。

在人潮中，赵薇的身影受到了格外的关注。女儿和老公先后被曝光，紧接着又上演了新一轮的“揪底”战：赵薇的豪门生活到底是怎样的？真幸福还是打肿脸充胖子？那位在赵薇怀孕期间曝出各种花边新闻的“黄先生”，在现实生活中到底是个什么样的人？

拜神通广大的记者们所赐，我们这些看客也在第一时间同步了解了赵薇结婚生女期间遭遇的各种事件：跟夫婿早就在新加坡秘密结婚，对方早先育有一子，家底丰厚；赵薇横刀夺爱，失恋的港姐

提及此事就非常不爽；怀孕待产期间，黄先生却与章子怡传出绯闻，还抖出了他追求赵薇时抛出的一些诱饵，引发了人们对赵薇的无限同情……

我们一边津津有味地看，一边忍不住进行各种想象与揣测。因为刘天王的隐婚，公众对明星婚姻状况的好奇似乎又升到了一个新的层次。记者们自然与时俱进，频频把这个问题拿出来提问，最终还是想满足观众强烈的窥探欲。

赵薇产后复出，也不例外地被记者追问过：“你听过‘瞒婚’或者‘隐婚’这样的词吗？你自己是一个什么态度？”

赵薇的回答是：“我自己是很支持的，我最近看过类似的新闻，我觉得公众人物也没有必要去跟大家交代很私人的东西，我个人的生活是符合社会道德、法律规范的，很正常，只是我不习惯将这些事情拿出来跟大家分享品尝而已。”

赵薇真的成熟了。自出道以来就一直生活在口水里的她，已经被历练得干练而有智慧。从眨着一双鲜活明亮的大眼睛的“小燕子”，到沧桑隐忍的“花木兰”，十几年走下来，赵薇曾经的青春逼人渐渐不见了，取而代之的是一种看破世情的大气之美。摔跟头不全是坏处，至少在清楚地体会到疼痛之后学会了保护自己，并且知道怎样才能很好地走下去。几番起落间，随着心事和心情的千回百转，赵薇已经学会用自己的方式保护爱情和家庭。代价固然有点沉重，但至少是值得的，不是吗？

小姚在一个大型的工程公司做项目经理，主要负责公司的招标和竞标事宜。人泼辣，做事雷厉风行，为公司立下了汗马功劳，老总一直很器重她。眼看资历也到了，该升总监了，没想到，半路上杀出一个程咬金，被“空降”来的小齐抢了风头。

小齐刚到的时候，小姚还挺看不上她。为什么呢？小齐这个人看起来毫无特点，技术上不拔尖，人际关系上也不过硬，据说老总是看朋友的面子上才“收留”了她。

小姚是个崇拜实力的人，自己又是凭实力爬上来的，对那些歪门邪道的事很不屑一顾。因此，对这个走后门来的小齐不太看好。但接触了一段时间后，却发现小齐也自有优势。比如，她做事很认真，还非常细心，记忆力也比一般人好。而且，她比较善于沟通，亲和力强，很容易让人产生好感。看起来，她是个“路遥知马力”型的人才，适合打持久战。

自然，小齐的表现也通过不同的渠道反应到了老总耳朵里。于是，就也安排了一些重要的项目让她做，发现她确实有两把刷子，因此对她就越来越赏识了。

渐渐地，小姚发现自己再也不能轻视小齐了。这个平时闷不吭声的女人，常常会做出一些让她大吃一惊的业绩。而且，最奇怪的是，小齐好像从来都不拿自己的业绩说事：做好了，是应该的，不值得特意标榜；做不好，是我不够努力，应该检讨。而小姚的风格恰恰跟她相反：有了成绩，为什么要藏着掖着？当然得让所有人都看到啊！想要一步一步往上爬，就得让老板了解自己的能力，从而得到更大的上升空间。

因此，对于小齐的态度，她既不解又觉得好笑：“你真当自己是活雷锋了？做好事不张扬？谁买账啊！”

其实，小齐表现得再好，目前也不是小姚的对手。因为小姚的资历在那儿，又有那么多功劳垫底，在公司里很难有人能望其项背。可后来发生的一件事，却彻底断了小姚的念想。

那段时间公司正在争取市局的一个城市规划项目，因为是大工程，所以盯着的人很多，想拿下来非常困难。这个项目本来是小姚负责的，谁都知道她后台硬，因此对她寄予厚望。可她费了不少心思，这事却迟迟没有进展。老总火了："不惜一切代价，一定给我拿下来!"

大老板都放狠话了，小姚敢怠慢吗？

可也怪了，无论她怎么"攻关"，都没什么成效。眼看马上就要出结果了，事情还是没有眉目。老总问小姚："你不是说你同学的舅舅能说得上话吗？现在到底是什么情况?"

小姚也很无奈：同学的舅舅已经尽力了，但管事的人就是不松口，真没办法!

这时候，一直没什么反应的小齐主动找到老总请缨，说她可以去试试。既然事已至此，就死马当活马医吧，反正结果再坏也不会坏到哪里去。老总同意了，但也提醒她："如果你拿下来了，那正好；如果拿不下来，可就得承担一半的责任，你可考虑清楚了。"

小齐笑笑，表示没问题。

不用说，这事马上就传到了小姚耳朵里。她憋了好长时间的气正没地方发作，眼下正好逮着这个机会挖苦小齐一番。小齐倒没有太生气，只是轻描淡写地说："没有金刚钻，就不揽瓷器活，我理解你的心情，但请你不要总是针对我，人的忍耐是有限度的。"

结果，小姚差点跟小齐吵起来，最后被同事给劝住了。小姚又气又恨，恶狠狠地扔下一句狠话："想撬我的项目？门都没有！你要是能拿下来，我就不在公司混了！"

话果然不能说得太满。这项目还真让小齐给拿下来了。所有人都傻眼了，老总兴奋之余也觉得这事蹊跷。这么难搞的项目，怎么她三言两语就给拿下来了呢？

原来，小齐其实是市里某位领导的准儿媳妇。天生性格就是这样，不爱张扬，喜欢平平静静地做事、过好日子。所以，虽然是准公公托人介绍来公司上班的，但却一再拜托对方保密，不想搞得太特殊。这个项目，其实也是那个管事的人想送个人情给领导，因此才一直压着没松口。后来见小姚实在拿不下来，小齐才出面去解决问题。

老总知道事情的原委后，马上就有了打算：让这位"官儿媳"当总监，跟政府部门打交道，她简直就是一张活的通行证啊！再者说了，让她当官，也是在变相地讨好领导嘛！给领导面子，就是给自己敛财啊！

因此，老资格的小姚败给了后台硬的小齐。小姚再不服能怎样？其实，抛开那些功利性的因素不谈，在公司内部，小齐明显是得人心的。尽管身份"尊贵"，却从不以此自傲，还尽量跟同事们靠齐，不搞特殊。而大功臣小姚却喜欢四处表功，时间长了，再有能力也让人生厌。

豪门必修课之：喜欢“晒”是一种病

为什么“晒”?“潮”了、“湿”了、不通透了需要晒。晒被子、晒衣服、晒太阳，不都是这样吗？而反之，则就不需要。

从这个根源上来说，喜欢“晒”就不是一件好事了。好端端的、没什么毛病，为什么要拿出来晒？嫌时间太够用了吗？古代的许多皇帝、皇后，在登基上位之后，常常会大张旗鼓地粉饰自己的出身：唐朝开国者变成了老子的后代，武则天造舆论说自己是神佛转世，朱棣坚称自己是马皇后的儿子……事实真是这样吗？争议很大。

就因为没有，才生怕别人“误会”，所以才想办法避免由此可能遭到的嘲笑。真的底气十足了，又何须计较别人的揣测？适当地晒是可以的，晒大了，就不健康了。

没有公主的血统，也要有公主的范儿

与思想交朋友。

——杨澜

减肥，让骨骼里只剩“精髓”

在娱乐圈，大、小S这对姐妹一直很火。姐姐幸福得冒泡，妹妹依然麻辣火爆，两家人还开开心心地同游日本，真是拉风得一塌糊涂。

比起优雅得过分的大S，率性鬼马的小S似乎更有人缘。她在节目里吃男嘉宾豆腐，口无遮拦地拿自己的绯闻开涮，心直口快到让人“发指”的地步。她曾在《康熙来了》上说：“我跟观众之间没有秘密。”虽然有些玩笑的成分，但她长久以来的表现就是如此。想必分享着小S所有秘密的观众们，也是在一惊一乍中陪伴着她成长为一个超级辣妈的：毕竟，像她这种层级的姿色，确实没有“横行”娱乐圈的本钱。

小S出道的时候，谁能想到这个龅牙、有点肥、长相没什么特色的姑娘会红呢？

在娱乐圈，先天条件不好简直是致命伤。靠脸吃饭的人，就必须要好看，事实就是这么残酷。这就是娱乐圈盛行整容的原因——上天只会厚待极少数人，在镜头下完美到无可挑剔的人实在是稀缺物品，先天不足，就得后天来补。

天生有一副明星脸最好，没有的话后天修炼也可以。张爱玲曾经说过一句话，道出了大部分女人的心声：“照顾一张脸就要半生。”如今镜头前身材正、气质佳的超级辣妈小S，就是通过不停地“补课”成功变身的。她曾说过一句话，被无数女孩子奉为“圣经”：“我跟你说，这是个残酷的社会。你别以为有真本事怎么着，外表更重要。”

不得不说一下，小S追求美丽的脚步一刻也未停滞过。听听她的绰号吧：“牙套妹”“瘦身狂人”等都和爱美脱不开关系。台湾女孩子有个口头禅：“我就是龅牙，我会带牙套；我就是胖，可是我会减肥。”这是小S经典的励志语录之一，也是她的切身体会。

1998年5月5日，小S正式进入了“牙套的世界”。她戴着牙套主持节目，毫不介意别人的嘲笑和异样的眼光。身为一个公众人物，敢以这样的“造型”出现，确实需要不小的勇气。这样不顾形象地扮丑，还真是稀罕事。万一观众不接受，前途可就毁了。

其实在此之前，小S也曾纠结过，对自己笑起来一边露牙龈、一边不露的怪现象很不满。她自我催眠过，尝试着看过牙医，但却迟迟没有勇气真的付诸实施，直到后来发生了一件事，才让小S痛下决心：“那时我和我姐一起上节目，有位观众说她妈妈一直分不清我们两个谁是姐姐谁是妹妹，最后她想出一个办法分辨，牙齿整齐的是姐姐，牙齿乱的是妹妹！这句话简直说得太实在了，让我找不到任何可以安慰自己的理由，我想是时候了，再逃避也不是办法，事情都已经到了这个地步，于是我决定去看牙医。”

“我告诉医生，我想把牙齿弄整齐，但希望是在最短时间内，所以要我戴牙套戴个两三年，我可不干，我比较想装假牙。”

可医生的建议是：“徐小姐，我不建议你装假牙，因为你的牙齿很健康，装假牙实在太可惜了，我真的建议你戴牙套，而且你戴完之后效果绝对会好！”

般人戴牙套也就算了，可小S是主持人耶！戴着牙套出现在观众面前，也太“雷”了吧！还好，她身边的人都很支持她：“大S也不断地鼓励我戴牙套，她说：‘很时髦耶！现在日本模特都流行戴牙套。’我妈说：‘只要你戴牙套，伟忠哥还是继续让你主持，我就没什么意见！’伟忠哥不但会让我继续主持，还非常支持我一边戴牙套一边主持。他们一直告诉我，就算丑也只丑个两三年，总比丑一辈子好吧！我想想，两三年后我也才22岁，就可以成为真正的美女，而不是需要绕过牙齿这个部位的美女，当下就决定戴了！”

戴牙套当然会疼、会不习惯、会别扭，不过为了当一个不需要绕过牙齿的美女，小S还是忍了。在那三年里，牙套陪着小S经历了很多事，好的、坏的、平常到不值得提起的……很多很多。摘掉牙套的小S如愿有了一口整齐又正常的牙齿，而观众们也在这个事件中更习惯了不按常理出牌的小S。而且，这个曾被不少当面或背地里议论过的“牙套妹”还间接引领了一种潮流：戴牙套。有人戴着牙套去找小S签名：“小S，你看，我也戴牙套耶！”还有人跑去问她：“小S，你觉得我要不要装牙套?”要不就是：“小S，我就是看你戴牙套，我才戴的耶！”

看明白了吧？这个世界的所谓美丑标准，其实都是被“领导”出来的。成了风格、成了特点，丑也会成为美的形式。

人都是在“自虐”中成长壮大起来的。纵观小S的成长史，甚至可以说是一系列的“自虐”活动集合：先是戴了三年牙套，后又疯狂地、拼命地减肥。

小S的瘦身计划在外人看来简直是太残酷了。她的减肥理论很简单：饿！怎么把自己吃胖的，就再怎么把自己饿瘦。她那些恐怖的减肥语录曾经震撼了减肥界：

“胖子没资格吃！一定要瘦了再说。你们给我挺住，都别吃。都那么肥了怎么还有脸吃！”

“要瘦一定要付出代价的。怕吃苦的太娇气的就不要开始了。没有好方法，就是忍。不要问我怎么忍，就是不要去吃。”

“没人能帮你，只能靠自己。如果你不想我喊你胖子就从现在开始别吃了。喝水吧，饿就去睡觉。”

“女人不对自己狠心，男人就会对女人狠心！”

“体重3位数的女人没有未来！只有对自己狠一点！你TMD怎么就这么喜欢吃东西，你和肉亲啊还是怎么着！”

“要么瘦！要么死！”

“一个女人如果连自己的体重都控制不了，何以掌控自己的人生！”

……

真是太彪悍了！我们姑且不去说她的减肥理论是否正确，只是单纯地讨论一下她的耐力。不惊人吗？不可怕吗？想瘦身的女孩很多，为什么真正能瘦下来的很少？方法很重要，有毅力、能坚持更重要。已经生过两个女儿的小S，身材依然好得让许多未婚女孩垂涎三尺。靠的是什么？得天独厚吗？当然不是。有点常识的人都知道，有过胖的“前科”的人，一生有无数次“旧病复发”的机会。小S身材保持得好，就胜在耐力超人。比如，生完孩子的前两周不吃水果，亲朋好友送的补品也一律不吃。就连喝水，都喝一些没有热量的茶饮料。

不是减不下来，是你狠不下心来“虐待”自己。就像小S说的：连体重都控制不了，如何控制人生？女人对自己的关注，应该小到体重，大到人生，每个环节都很重要，细节决定整体。

如今，小S显然很“贵”，她虽然没有像“范爷”那样自称“豪门”，但吸金能力、知名度也非常不一般，很不“便宜”。

台湾的综艺圈中素有“一王三后”的说法，那就是蔡康永、陶晶莹、利菁以及小S徐熙娣。目前小S手上的《康熙来了》及《大小爱吃》两档节目都是王牌，收视率一直居高不下。加上各种广告、代言，根本不缺银子。就单说《康熙来了》，几乎风靡整个台湾，艺人们都以能上“康熙”为荣。而且据说上过“康熙”的艺人也都会提高知名度，跟着起“火”。节目中的小S言行大胆出位，麻辣犀利的主持风格常常让来宾招架不住。也因为这个，曾被不少

人批为“恶俗”“低俗”。但观众就是喜欢看，收视率就是高，有什么办法？做节目嘛，收视率就是最好的证明。只要观众捧场，就是有“料”，就值得做下去。

所以，台湾的当红女主持小S是非常能赚钱的。身份高，人自然就“贵”，这是常理。这就是不嫁豪门也可以是“贵妇”的诀窍。

顺便八卦一下，自己能赚钱还可以理直气壮地“倒贴”。小S就曾坦率地说：“我的钱还是我的钱，我们两人基本上金钱独立，我的钱大部分都用在娘家，我也跟他说过不用养我。”

现在是新社会，主张男女平等，双方家长都一视同仁。但敢说“我的钱大部分都给娘家了”的女人还真是非常少见。尤其是在有头有脸的人家，只要资产雄厚一点的，都会怀疑媳妇掏给娘家的钱是从自家口袋里出的。可像小S这样自己养自己的，就另当别论了。人家自己“有”，给谁是人家的自由，谁都管不着。想在婆家拥有更多的话语权，“自己有”很重要！当然，这完全没有“俯视”婆家的意思，只不过至少达到相对“平视”，这总比“仰望”来得舒服。

再言归正传，回到最初的话题：后天补足真的非常重要。不能生而就是公主，虽然有点遗憾，但却可以通过努力养成公主的华贵优雅之气：提升形象、补充内在，都是变身的必要准备。有“范儿”就能改善血统，因为那份从骨子里透出来的贵气是可以传承的。而说白了，我们仰望公主，最重要的其实是那份气度风采，不是吗？

豪门必修课之——要舍得为难自己

做女人要舍得花钱，也得舍得为难自己。

如同“惯子如杀子”一样，对自己低要求是很危险的。骨感的不是现实，是你不够心狠手辣的懦弱。在梦想照进现实之前，是什么支撑你膨胀至将要爆发的想象？没有那份为难自己的狠劲，是很难落实的。

终有一天，当我们意识到我们已经不再年轻，而那份想象中的前途也不再无限之时，就会悔恨当初对自己的纵容。有一天，我们终于发现，长大的含义除了欲望，还有勇气、责任和坚强，以及某种必需的牺牲。这种“牺牲”，就是为难自己的手段之一。

而每个人都是在为难自己的过程中破茧成蝶的。你停留在原地的优秀，永远都追不上势利的现实。所以，强迫自己去追、去赶、去改变，才不会被落下、才可能制造更多的惊喜。而我们自己，也奔跑着进入了高于“现在”的命运里。

你用美丽“点击”，我用知性“下载”

每次提起女性的励志人物，都会说到杨澜。没办法，她的故事确实是太励志了。

作为中国首屈一指的女主持，杨澜所创造的成就和品牌价值已经超越了钱所能传达的有限意义，她曾被评选为“亚洲二十位社会与文化领袖”“能推动中国前进、重塑中国形象的十二位代表人物”“《中国妇女》时代人物”。

钱是衡量一个人是否成功的重要标准之一，但它毕竟不是唯一的。尤其是一个人的精神能量足够强大的时候，就会覆盖住很多东西，比如世人崇拜不已的金钱。

跟大部分人一样，杨澜也不是一出场就华丽若斯的。在这璀璨无比的光环下，同样有成长的苦痛、受挫的迷惘、选择的艰难。

杨澜曾经说过：“你可以不成功，但是你不能不成长，有人会阻止你成功，但是没人能阻止你成长！”

在光鲜的时候急流勇退，得需要多大的勇气啊？当年离开《正大综艺》寻求转型的她，开办了《杨澜视线》这档节目，主要介绍美国百老汇和电影的幕后制作，但是忽略了中美文化之间的差异，所以并不受广大观众的青睐。

但这个小挫折并没有打击到杨澜做节目的积极性。她在失败中不断摸索，总结经验教训，最终成就了现在的高端访谈节目——《杨澜访谈录》。节目通过关注人物的性格特点和独到的见解来折射出个人和社会的关系，访问的嘉宾不乏国内外各界的精英人物。借由这个王牌节目，高调出走、闪亮归来的杨澜也达到了事业上的另一个高度。

杀进豪门的途径很多，在我们见识了众多“财子佳人”的故事之后，已经习惯了这样的“合作”模式。可杨澜和吴征这一对，却很少有人如此评价过。镜头前淡定知性、优雅干练的杨澜，自身就有一股豪门范儿，强大的气场早就压过了所谓豪门的珠光宝气，如浑然天成，让人无法忽视。

《正大综艺》出过许多个女主持人，各有特点，但都没能混出杨澜如今的江湖地位。是因为运气的关系吗？

说实话，“运气”这两个字，其实就是一个滑天下之大稽的惊天谎言。我们能看到的、感慨的所谓运气，只不过是一些成功人士经历的关键事件。没成功的人就没经历过吗？不见得吧。好运气，是由无数个“有心”事件堆砌出来的，是一个水到渠成式的必然结果。吃不到葡萄，就抱怨自己个子矮、梯子不好使，不嫌丢人吗？

杨澜是个很有主见和自主性的人。性格决定命运，这才是事实。

杨澜出生的时候，她的父亲正在阿尔巴尼亚做外援专家。直到她4岁的时候，父亲才回家见到了自己的女儿。而且，她从小就没有跟父母生活在一起，在10岁之前，是在上海外婆家寄养的。直到10岁时，她才被接回北京和父母一起居住。所以，比起其他同龄的孩子，自小跟外婆生活在一块儿的杨澜就多了一些独立意识。

1983—1986年，杨澜在北京理工大学附属中学上学，学习成绩一直非常优秀。可有意思的是，尽管她各方面都非常优秀，才色兼备，却没有男生递字条向她表示好感。后来，那些男同学们说：“那时候觉得你学习特好，一放学就回家，瞧那形势，即使追了希望也不大……”看来，太优秀也是一道门槛，能拦住一些人，也能杜绝一些麻烦。

从高中起，杨澜就开始上寄宿制学校，独立地学习和生活，更练就了一身的韧性和自主性。

但是，杨澜比别人优秀，不是因为她比别人聪明，而是因为她比别人努力、不服输。据她自己说："我从小就不是一个很有灵感和创见的人，所以沮丧时时都会在我心里出现。就拿采访举例吧，我从来都是按部就班，如果在某一次采访之前，心里忽然冒出一个很有灵感的创意，那我就特别高兴。但绝大多数情况，我还是像学生做家庭作业一样，事先把该看的资料全看完，然后再理出一条比较清楚的思路。因此，我总是为自己缺少灵感和创见而苦恼。而且这沮丧和苦恼没办法去化解，总不能因为天资不足就开刀对大脑进行修理吧？所以也只能靠加倍努力去以勤补拙。"

天道酬勤，一个"勤"字往往就决定了结局。没有"灵感和创见"的杨澜，却以全优的成绩获得了哥伦比亚大学国际事务学的硕士学位，并在第二年被选为哥伦比亚大学国际关系学院校董，成为这所美国常青藤名校有史以来最年轻的董事。

杨澜曾劝年轻的女孩子们：多读几本好书，多交几个好朋友，多养成几个好习惯。二十岁是投资和储蓄的时候，要养足未来的资本。如果之前的29年不够努力，那么过了30岁也不会有奇迹出现。这恐怕就是她自己的经验之谈。

一个女人，千万别等到只有皱纹的时候才感慨生命的苍白。把护脸的时间省下一点来看书，滋润一下大脑，并没有想象中那么困难。"干得好不如嫁得好"像个紧箍咒，如果你自己能修成正果，又何须让别人给你解咒？

小薇和晓梦同是应届毕业生，同时被一家广告公司聘用。说起来，两个人也都很不简单。能在几十号的应聘者中脱颖而出，想必是有两把刷子的。从外形来看，小薇要胜出一筹：长了一张明星脸，又是天生的衣裳架子，穿衣打扮很有一套，为人又热情大方，没多久就混成了公司的小明星，很有人气。晓梦呢，没那么出挑，但胜在谈吐文雅、处事得当。但从工作能力上看，晓梦又占有一定的优势：晓梦的知识面广，感觉敏锐，为人处世又细心；小薇呢，虽然有丰富的想象力，但执行力不强，因此有时候做事总是虎头蛇尾，不够尽善尽美。

她们两人都进了创意部，因为是同时进的公司，年纪又相当，所以走得比较近。开始的时候还算处得不错，但后来，两人就貌合神离了：晓梦比较用功，在工作中非常用心，并且注重学习和积累，因此工作能力不断地提高，渐渐就超过了小薇；而小薇呢，虽然也表现得不错，但充电量不足，虽然还不至于断电，但想抢眼，就有点吃力了。不过，小薇有个优势，就是她成功“拿”下了创意部的总监大刘。

本来呢，她们俩也不存在太尖锐的冲突。各自做各自的项目，各得各的精彩，不就好了吗？可不巧的是，金融危机来了，所有的公司都开始裁员。

公司虽然没有明确地说要裁员，但却新推出了一个政策，叫做竞争上岗。创意部下的策划部一共有 6 个人，要 PK 掉一个。除了晓梦和小薇，别的都是老员工，差不多是跟公司一起成长起来的。因此，所有人都心知肚明，这两个进公司刚一年的新员工只能留一个。这两个当事人也非常清楚。于是，真正的竞争就来了。

对这件事，两人各有反应：小薇充分发挥了自己的高人气，四

处笼络人心，不但几个中层，就连上层也对她赞不绝口；晓梦呢，则在工作上下苦功，更加努力，反倒显得不太在乎结果。

这一天，公司接了一个大型的公益广告项目，还牵涉到政府部门的支持。因此，老总非常重视，在创意会上一再强调要尽力、尽力、再尽力，务求做到最好。

小薇和晓梦都知道，如果自己的方案能胜出，基本上就可以留下来了。所以，都各自铆足了劲，誓要把对方比下去。小薇的总监男友自然不想女友落败，也主动帮忙。因为有总监亲自把关，小薇开始还以为自己稳赢了。但后来，晓梦交稿之后，男友却沉重地告诉小薇："晓梦的点子非常新，可能比我们的想法还要好。"

小薇一时冲动，就"逼"着男友做了一件很不厚道的事：把晓梦的创意据为己有！

男友本来也不同意，但架不住小薇胡搅蛮缠。没办法，就提出了一个折中方案：把她们俩的创意整合一下，连夜突击一份新方案出来。这样，既不算剽窃，也有自己的想法，不至于太明显。

第二天的创意会上，因为大刘故意让小薇先报方案，所以，晓梦还没来得及说，大家就一致对小薇的方案投了赞成票。

可奇怪的是，老总并没有表态，反而让晓梦也报一下她的方案。本来小薇觉得，既然她的方案让自己给用了，那她肯定就说不出什么有价值的东西来。出人意料的是，晓梦非但没有意外之色，还一副胸有成竹的样子。

一说完，大刘和小薇就傻眼了：晓梦报的方案跟昨天晚上的那一版也不一样，进一步优化了，更加讨巧，更有意思。

原来，晓梦在把方案发给大刘时，特地留了个心眼：在发给大刘的同时，又抄送给了老总一份。按公司内部的规定，在开创意会之前，她只能把方案发给她的直属上司，却不能发给老总。也就是说，那份方案老总"应该"是不能看到的。

老总又不傻，自然知道这到底是怎么一回事，当下心里就有了决定，实力不够可以通过努力来补足，但人品有问题事就大了。可小薇有大刘撑腰，又不能闹得太难看。后来，老总找大刘谈话，没挑明这件事，只是说公司不支持办公室恋情，所以他和小薇两个人要有一个离开公司。他们俩都非常优秀，公司谁也舍不下，所以只能让他们自行商量解决。

不用说，只能是小薇走了——大刘在公司里已经待了四年多，还想在这个平台上继续做下去，不可能放弃；而小薇呢，来的时间不长又犯了事，自然是她离开比较好。

可大家都是成年人，对这个结果背后的原因心知肚明：大刘和小薇好了都半年多了，公司才发现吗？这个时机未免也太巧了吧？

就这样，靠实力说话的晓梦打败了人气型的明星选手小薇。是什么让老总不惜得罪手下爱将也要保住晓梦？很简单：实力！他一方面珍惜这个人才，另一方面也想用这种方式敲打大刘，算是当老板的艺术。

所以说，有实力自然就有"后台"，因为实力就是价值。

豪门必修课之——有思想，到哪儿都是 VIP

人人都在追求平等，但随处可见的 VIP，已经证明了平等只是一种美好的错觉。你不是VIP，就不能让某些人弯下高贵的腰，不能享受更高级的待遇，更人道的对待，不能被人高看一眼……

VIP是如何养成的？拿钱砸出来的？拿权压迫来的？拿色色诱来的？

没错，是不排除这些因素。有等级就会有特权，这是必然现象。但除此之外，也可以有其他的升级途径。比如，你可以成为一个有思想的女人，让人不敢小瞧。

人类崇拜财富，但更膜拜思想，这就是人类高于其他生命的本质原因。内在美不如外在美抢眼，但事实上，无形中散发出来的气势才更压人。先有思想，后有地位，再成为VIP，一切就水到渠成了。

薛宝钗为什么比林黛玉励志

我知道人世间没有十全十美，只要了解自己人生的大原则、大方向，取得平衡的支点就可以了。

——吴小莉

先搞定上层，才能成为上层

宝玉心里只有一个林黛玉，最后却娶了不爱的薛宝钗。不能怪黛玉命薄，只能佩服薛宝钗会做人。

高层们一致选定宝钗为“宝二奶奶”，是因为她出色到足以盖过黛玉的风头吗？很明显不是。两个不相伯仲的姑娘，在只有对方可以威胁到自己的时候，上层的看法直接决定了她们的命运。黛玉被放弃，宝钗则成功上位，就是因为她走了上层路线，一一搞定了各位难缠的主事者，这才成为了荣国府下下任的女主人。

在《红楼梦》里，薛大姑娘可谓是最励志的一位女性形象。她精明、识大体、虑事周到、冷静，深藏不露，心机与智慧并重。不仅如此，她还活得现实而通透，忠诚地服从于既有的秩序，克制、忍耐、自重……尽管她的结局也不美好，但这并不影响她的战斗力指数。

想要得到万千宠爱在一身的“官二代”贾宝玉，是没那么容易的。除了要在自身容貌及身材、气质上下工夫，造成无可挑剔的“眼球效应”外，还需要把他背后庞大的家族搞定。这也是现在许多试图攻进豪门的女孩子们绝对不能忽视的一点，不少美女就是在这一关上卡住了，因而被拒之门外。作为金陵十二钗之一的薛宝钗，自身条件固然非常优秀：形象好、气质佳，兼之行为豁达、随份从时又家财万贯，可谓是软硬件样样强悍。但是，想成为大家族的女主人，可不是那么容易的。

薛宝钗进京是为了什么？“因今上崇诗尚礼，征采才能，降不世出之隆恩，除聘选妃嫔外，凡仕宦名家之女，皆亲名达部，以备选为公主、郡主入学陪侍，充为才人、赞善之职。”也就是参加选秀。她是想成为皇帝或王爷的后宫人选，成为人上人。对于薛家来说，这是一个可以改变家族命运的机会；对薛宝钗本人来说，也是一个实现“理想”的大好契机。

那时候，她还不认识贾宝玉，更谈不上“爱”。尽管她不认为自己是个牺牲品，但她担当的角色事实上就是一个牺牲品。元春省亲的时候不是说了吗？皇宫是个“见不得人”的地方，不好混、很难混。可对于恪守封建道德的薛宝钗而言，这是一个光辉的理想，更荣耀、更有意义。

著名作家、红学家刘心武先生说：“很多人认为薛宝钗的最高目标就是嫁给贾宝玉，那就太低估薛宝钗了，也没能理解这个人物真正的心理。”在那位神秘和尚的预言中，薛宝钗会嫁给一个戴玉的男子，可有玉的人只有宝玉一个吗？或许，她最早估计的“金玉姻缘”并非是嫁给贾宝玉，而是有着玉玺的皇上或者其他身份尊贵的王爷。

如果这个推断成立的话，那么，薛宝钗后来为什么放弃了原来的“理想”，转而以贾宝玉为目标呢？在《红楼梦》的第三十回中，向来藏愚守拙、温润克制的薛宝钗突然情绪反常，不但暴躁，而且还出口伤人，让人很不解。刘心武认为，薛宝钗就是因为知道了自己选秀失利的事实，才如此失态。也正是因为这个原因，她才把目光转移到贾宝玉身上。

好了，薛宝钗第一个“励志点”来了：她活得比较清醒和现实。

贾宝玉不喜欢她，这并不重要，因为能决定这桩婚事的人不是他。贾母、贾政、王夫人才是有资格拍板做决定的人。

王夫人不用说了，薛宝钗的亲姨妈，当然非常乐意促成外甥女和儿子的亲事；贾政不管家事，一应家务都委托给太太处理，几乎也可以忽略。于是，荣国府的最高领导人贾母，就成了她积极争取的对象。

贾宝玉和林黛玉那点事，所有人都是心知肚明的，包括贾母。她宠爱自己的女儿，进而就怜惜女儿唯一的血脉黛玉。所以，她必然会给黛玉安排一个非常好的未来。既然孙子和外孙女两情相悦，她有什么理由不成全？

可在贾府这个派系复杂、矛盾重重的大家族中，老“阴谋家”贾母鉴于种种考量，是不会轻易表态的，而这个模糊的态度，就给了薛宝钗足够的发挥余地。

贾母要给她做生日，问她爱听什么戏、爱吃什么东西。她知道老年人喜欢热闹的戏文，爱吃甜烂的食物，就乖巧地按贾母平时的爱好回答。这马屁拍得可谓是不露痕迹，非常高明——喜欢什么纯属个人爱好问题，你总不能抱怨人家爱的东西古怪吧？

而且，薛宝钗还当面不遗余力地奉承过贾母：“我来了这么几年，留神看起来，凤丫头凭她怎么巧，也巧不过老太太去。”贾母的回答很值得玩味：“提起姊妹，不是我当着姨太太的面奉承，从我们家四个女孩儿算起，全不如宝丫头。”刘心武的看法说：贾母这话说的非常“恶毒”：家里的四个女孩全算上，不也包括元春了吗？可人家元春选上了皇妃，“比她强”的宝钗却没选上，这不是揭人家伤疤吗？老祖宗是否真心买账还不能确定，但在面上，老祖宗对宝钗的为人处世还是比较赞同的。就算这不代表什么，但至少能营造出一种比较有利的舆论形势，也是有好处的。

对于自己的有力同盟者王夫人，宝钗也是大力笼络，不但勤问安、多体贴，王夫人有为难事，薛宝钗便会不失时机排忧解难，并帮她大力开脱。金钏投井自杀后，王夫人心里既不安又害怕，薛宝钗安慰她说：“据我看来，她并不是赌气投井。多半她下去住着，或是在井跟前憨顽，失了脚掉下去的。她在上头拘束惯了，这一出去，自然要到各处去顽顽逛逛，哪有这样大气的理！纵然有这样大气，也不过是个糊涂人，也不为可惜。”三言两语，就把金钏的天大委屈化为了“失足”事件，“不过多赏她几两银子发送她，也就尽主仆之情了”。王夫人又说：本想拿几件衣服给金钏妆裹，可现在没有合适的衣服，只有林黛玉过生日做的两套。林黛玉平时就“小心眼”，又三灾八难的，怕她忌讳。薛宝钗马上就大方地说自己刚做了两套衣服，正好可以拿来用，也不忌讳这个。

王熙凤病了，要吃调经养荣丸，需要二两上等人参。王夫人翻箱倒柜地找了半天，却只找出几枝簪子粗细的人参和一大包人参须末，而凤姐那里也只有一些参膏。贾母手里虽然有一些当日余下的“手指粗细”的人参，但拿到大夫那里一鉴别，却发现已经失了药性。偌大一个荣国府，竟然连二两人参都找不出来！当着宝钗的面，王夫人很没面子，不由讪讪地。宝钗再次挺身而出，先是给王夫人圆面子，说人参再贵也是药，就应该拿来济世救人，所以家里没有也不是什么丢人事。然后又说去外面买也不一定能买到货真价实的，正好她们家铺子里就有，直接拿来用就可以。

如此地善解人意，做事做到人心尖上去，王夫人能不喜欢吗？领导犯了错，要第一时间找出客观原因，证明领导没有错；领导遇上难题，要挺身而出解决问题，还要做得尽量不着痕迹，不能让领导觉得太没面子。这样的人，就一定会混成领导的心腹：太懂事了嘛！

薛宝钗心里怎么想的不好说，但她在处理人际关系时，基本是能做到一视同仁的，这就很容易博得别人的好感。

不但是贾府的最高统治者贾母，就连总是被人瞧不起的赵姨娘等人，也平等对待，居然让一向刻薄的赵姨娘也心中感激：“怨不得别人都说那宝丫头好，会做人，很大方。如今看起来，果然不错！她哥哥能带了多少东西来？她挨门送到，并不遗漏一处，也不露出谁薄谁厚。连我们这样没时运的，她都想到了；要是那林丫头，她把我们娘儿们正眼也不瞧，哪里还肯送我们东西？”

薛宝钗虽然是个富家小姐，可她生长在家境没落的特殊时期，因而比同龄人要早熟一些。所以在处理各种关系时，她能够得体、从容、进退有据，和所有人都保持亲切、不卑不亢的关系，有人气、有尊卑，既是个好主子又是个好伙伴，如此这般便成了宝二奶奶的最佳人选。

豪门必修课之——可以讨好，别过分巴结

中国是个人情社会，看关系，讲情面，要后台。尤其是现在，不管做什么，都习惯性地“找找人”，就图个心安。好像没点人情撑腰，就必然会有高风险。在这种背景下，找后台就成了非常迫切的需求。

既然要找，就得找个硬气的，将来翻船的可能性才会小。可话又说回来，讨好上司、进而找个好后台，这并不难看，过分巴结就

有碍观瞻了。尤其是女孩子，没有艺术地献媚真的很倒人胃口。像薛宝钗那样，举重若轻地挠到痒处，才是真正的高明。与其大费周章地说好话、表忠心，不如细心地看到上层真正想要的东西，那么，必然会手到擒来。

有时候，得到了才是胜利

贾宝玉喜欢谁，薛宝钗比谁都清楚。但凡有点气性的，就不该去讨人厌、夺人所爱。而且，黛玉还是她一起长大的好朋友，怎么能那么不厚道呢?

前面已经说过了，薛宝钗活得很清醒。她选秀失利，失去了进入上流社会的机会，那么，她就必须从皇族之外的贵族青年男子中选择一个做丈夫。一来终身有靠，二来也为她没落的家族找一个靠山。于是，贾宝玉就成了这“退而求其次”的“次”。

在《红楼梦》的情境设计中，贾宝玉无疑是所有贵族小姐的最佳择偶人选，相当于现在的钻石王老五：长得帅，出身高贵，家里根基深厚，又是根正苗红的第一继承人，能抓住的话，当然要尽量抓住。

对现在的许多姑娘来说，构成婚姻的首要前提是爱情。没有爱，说别的都是废话。但是人生就是有那么多无奈，对薛宝钗来说，她不但要通过嫁自己，给自己一个衣食无忧的未来，还要考虑家族的

利益，能得到保障就已经是很好的结果了，哪里还敢奢求对方的爱。况且，她是一个天性被压抑了的人，在她固守的价值观里根本就没有爱。

宝玉和黛玉爱得痴缠，宝钗真的不嫉妒、不难过吗？她一次又一次眼睁睁地看着贾宝玉百般小心地讨好林黛玉，她忍着贾宝玉屡次不给面子的不愉快，她压下贾宝玉在梦中也嚷嚷着金玉姻缘是胡说八道的难堪，以一种近乎可怕的冷静一步步地实施她的计划。谁能肯定她在这步步为营中是开心的呢？谋划，本身就是不得已而为之，先舍才能后得。

一个女人想要得到一个男人，甚至“不择手段”，或许不全是赤裸裸的算计。抛除那些看得见的好处，也有一个卑微的、相守的愿望。

不求天长地久，但求曾经拥有，这是求而不得的人无奈之下的说辞。如果有机会得到，有什么理由放弃相守的机会呢？得到了，才有更多的机会去争取、纠正、彻底得到。就像许多肥皂剧中的女二号一样，先不惜一切代价地得到，再去琢磨怎样“偷心”的问题。得不到你的心，就一定要得到你的人。“心”这个东西捉摸不定，能守着实实在在的人，也算是拥有的一种方式。

薛宝钗是个现实主义者，她不会过分执著于虚无缥缈的爱，抓住现实的婚姻才最实惠。这个男人是我的，将来还会是我孩子的父亲，对一个女人来说，还有什么比这个更“经济”呢？温莎公爵因为王室不能接受辛普森夫人成为自己的妻子而放弃王位，就是因为他想要给她“尊严”，懂吗？尊严！一个女人有尊严地得到一个男人的方式就是婚姻，千百年来一直如此，从未改变！

我们可以看到的是，在高鹗续的后四十回中，王熙凤用调包计让宝钗坐上了“宝二奶奶”的位子，并且还生了一个叫贾桂的儿子。而痛失所爱的林妹妹却心碎致死、泪尽而亡。是带着饱满的爱离开人世，还是拥抱着贫瘠的婚姻相守一生，就看你自己的选择了。可是，有一个简单却霸道的真理：打仗的时候，不管这个城里的人心在哪里，先把它打下来、换上自己的旗帜，是每一个统帅都会做的事。时间久了，人心总会变的，文化可以同化，风俗可以共融，抵抗也会削弱。

时间，是个很残酷的东西。得到了才有机会彻底拥有，请你记住这个结论。在你不再做梦的时候，它会帮到你很多。

豪门必修课之——爱情不是全部

其实爱情根本不像传说中的高洁和神圣：在饭都吃不饱的情况下，你会寻死觅活地追求爱情吗？肚子里空，先填饱才是大事，至于别的，以后再说吧！

爱情这东西，纯粹是被文学家们给神化了，被高高地架在一个位置上下不来。

受这些理论毒害的人们就把它当成了至高无上的信仰，势必要得之而后快。尤其是女人们，更把它当成了全部，仿佛没了它就日月无光、天地变色了。我们还是要承认爱情是美好的，但它确实也没想象中那么缺之不可。没有的时候期待，得到了珍惜，失去了也别哭天抢地、痛不欲生，在爱情之外，还有别的东西可以让你的生命闪光。

任何一种东西都不可以依赖，否则，它再美好也会变成毒品，造成毁灭性的伤害。

不装才痛快

我工作已经够累了，我不想做人还那么累，还要去演戏。

——范冰冰

姐的人气不只是个传说

盘点2010年娱乐圈中的重要事件，王菲的复出必然是个亮点。

2010年10月29日晚，在北京的五棵松体育馆，轰动了半年的王菲“2010巡唱”终于开锣。这场期待了四年的演唱会，曾发生了诸多的事件让人津津乐道：演唱会的门票一票难求，据说曾经炒到了一万多一张；北京首场演唱会那天，地铁一号线几近“瘫痪”；演唱会上没有嘉宾、没有返场，全场王天后只说了6个字，也没有新歌，但人们还是狂热不减、场场爆满……

试问在娱乐圈谁还能有这样的号召力？

一个消失了多年的歌手，而且期间一直没有新作，可人气却依然不减当年，甚至还有不断上升的趋势。网上居然产生了一个名词，叫“王菲效应”。百度对此的解释是，由乐坛天后王菲的各种公众行为所引起的社会反映。这一切是凭什么？究竟是什么让“菲迷”们十几年如一日地追捧？

王菲唱歌好听，这是毋庸置疑的。但更无可争议的是，王菲适合做一个偶像。别的先不说，单说她先后跟了三个不如她的男人这点，就与她的同行们不一般。别人都在想办法进豪门，她却讲爱不讲钱，更有提倡性。而最值得崇拜的，还是她率真、我行我素。

尽管贵为天后，可王菲却懒得来给自己贴金，有时候直白得让人瞠目结舌。

比如，她曾坦白地说：“我抽烟，我知道这是危害健康的表现，但我戒不了；我任性，父母也拿我没办法；我直来直去，得罪人成了家常便饭；我爱发脾气，不懂得控制情绪，谁学我都会倒霉。”

再比如，面对哪个艺人都不敢轻易得罪的媒体，王菲却经常用她的“菲”式语言把娱记们搞得哭笑不得。下面摘录几则据说“噎死人不偿命”的语录以飨读者：

在台湾某综艺节目上，主持人夸她是国际巨星。

王菲：你们别吹了。

1999年被记者问到新专辑怎么样。

王菲：还能怎么样？还不是上张专辑那样。

记者问：《你快乐所以我快乐》中的“你”指的是谁？

王菲：泛指，爱谁谁。

记者问：《将爱》这张专辑有些地方无法理解。

王菲：你不必理解。

2002年台湾握手会前，记者问她对握手会有什么准备。

王菲：我洗手了。

台湾《寓言》2001演唱会的记者会上，记者问她会有什么造型。

王菲：肯定不穿旧的。

记者问她和窦唯谁更爱吃醋。

王菲：他爱喝陈醋，我爱喝米醋。

记者问：为什么你晒不黑啊？有什么秘诀吗？

王菲：秘诀就是不晒！

记者问王菲剪了短发以后怎么还为洗发水代言。

王菲：短头发就不洗头了吗？

记者问：你觉得人生什么最精彩？

王菲：我人生还没过完呢，怎么现在问我这种问题？等我临终前再告诉你吧！

……

除了这些经典到让人拍案叫绝的语录，王菲还做过许多“耍大牌”的事。

当年王菲和窦唯离婚时，有个记者问她：“你和窦唯离婚办好了吗？”王菲除了创造了一个经典答案：“关你什么事？”之外，还顺便把凳子给摔了！奇怪的是：她这么做了，却没人认为她耍大牌，反倒觉得她很可爱。

如果说对记者这样是“有恃无恐”的话，对财大气粗的老板也不给面子，就绝对让人震撼了。

据说当年小谢跟王菲好的时候，英皇的老板杨受成一是爱屋及乌，二是想借着小谢的面子把王菲签过来，因而对她卖大方，却被王菲毫不客气地拂了面子。

当时的经过大致如下：

有一天，好姐妹刘嘉玲约了王菲一起去湾仔英皇珠宝看表。不知是不是真的巧合，日理万机的杨受成大老板居然也在店里。

换了别人，可能就赶紧凑上去套近乎了。可王菲没有，她很专注地拿着一块价值在十万到二十万左右的名表在研究。杨老板看到，手一挥，阔绰地说："你喜欢？拿去吧！"

王菲好像困惑了，坚决地反问他："干什么给我？"（注意：这语气不是客气地、欲拒还迎的，而是真的觉得很难理解。）

杨老板好风度地说："喜欢就给你嘛！"

王菲马上就不客气地说："干吗要给我？我自己没有吗？"

这个回答是杨老板始料未及的。任是哪个老板，也想不到自己的一腔热情会被员工给冻住：不是都流行巴结老板吗？

可王菲不但拒绝了杨老板的慷慨相赠，还当场就放下那块手表走人。如此地"不礼貌"，当真是叫人叹为观止。估计杨老板这一辈子，都没享受过这样的待遇！

这种行为叫什么？你可以理解为个性，也可以叫做气节，而这些东西，都是现在这个娱乐圈绝对稀缺的东西。比起那些偎在高层怀里敬酒献媚的明星，王菲的这种"不礼貌"就显得更加可爱。

"王菲"这两个字，已经成了一个符号：冷、酷、傻傻的可爱、我行我素、天籁般的嗓音、独一无二的音乐风格、为爱执迷不悔、真实坦率……

人们喜欢她，不纯粹是因为她的歌声，也不是因为她引导了无数次流行，或许，人们还想透过她的眼睛去缅怀一些失去的东西，那些珍贵的、让人温暖的性情。

偶像，不一定要很完美，有缺点才更真实。这就是许多偶像失败的原因，也是王菲被人疯狂追捧着的重要原因。

豪门必修课之：率性的女人更可爱

一个女人的魅力也许是美艳动人，或是高贵大方，也可能是知书达理，但这一切都应该是出自于真实的自我。我真，故我在，女人率性点没什么不好，装模作样地过日子才累。

这个世界已经被包装得够厚了，再把自己弄成一个活动的包装盒就没意思了。时刻保持仪态固然是好事，但这并不意味着就不可以真情流露。相反，天天装，反倒让人觉得假、不够真实，进而就很难产生接触的欲望，而许多机遇就是从接触开始的。

端着太累，率性也很美，真实点，不一定就会吃亏。如果坚持得够久，还可能成为一种风格。要知道，很多潮流就是这么来的。

太真了会让人反胃

现在的娱乐圈活跃着一个群体：超女。正是因为有了她们，娱

乐圈变得更有娱乐精神了。然而，随着时间一天天过去，观众的眼球又被新人所吸引，这些昔日被人们捧在手心里的平民偶像又怎么样了呢？真是应了那句话——“各人有各人的缘法”：尚雯婕把自己搞成了“巫婆”、邵雨涵去《男人装》拍性感照片、胡灵在夜总会做陪酒女郎、何洁像打了鸡血一样表率真……

而我们现在重点讨论的是何洁。

有人曾说何洁有张惠妹的气质和李玟的舞姿。热辣的演出、天使的长相，确实给她加了不少分。虽然最终她止步超女的三强，可是她依然被外界认为是可塑性很强的艺人。可后来我们发现：其实这位姑娘挺能“惹事”的。从跟天娱打官司到2010年11月8日的“何洁门”，桩桩件件，没有一件让人省心的。

在这起还算新鲜的“何洁门”中，当事人何洁通过微博否认了：“我是个非常保守的女生，至今我仍处于单身状态，所以流传是我的男友公布艳照纯属污蔑，而且从‘何洁不雅照’就能看出被PS过的痕迹非常明显，我希望那些不法之徒能消停点，不要挑战我的忍耐度。”

有人信，有人不信，有人则不以为然。“盒饭”们自然大力支持他们的偶像，纷纷在微博上留言支持，并且积极地帮忙澄清。但很多人都不屑地说：这明显是炒作嘛！身材、发型、脸型可以PS，表情也可以PS吗？就装吧！谁信啊？

一个二十多岁的小姑娘，到底是哪里得罪了人，怎么就信用那么差呢？这恐怕得从何洁之前的几个事件说起。

何洁这个姑娘，给人的感觉一直是活泼开朗、性格直爽，常常做一些“不应该”做的事。比如她跪着接受采访，就曾引来一片骂声。虽然后来何洁解释说：因为那个麦克风的线不够长，为了配合记者才跪下的，可这个说法并没有得到谅解：不是线不够长，是炒作、没有尊严的炒作，简直就是“不要脸”！

“盒饭”们不乐意，说大家把何洁想复杂了，她没有那么多心机，只是比较率真而已。其实，如果线真的不够长，你可以弯腰、可以蹲下，为什么非得跪下吗？身为一个中国人，不知道“跪”意味着什么吗？学问不够、常识来凑，难道你在家常常为了方便跪着跟别人说话吗？

当年闹哄哄的机场“晕倒事件”也很有意思：2006 年 7 月，何洁当众晕倒在首都机场，被随行男士匆匆抱走。当时何洁正在减肥，于是，晕倒的“理由”是：何洁过度减肥。“盒饭”们的心疼还没收起来，一篇名为《我要爆料，何洁去年的机场晕倒事件是炒作的》的文章却横空出世，证明所谓“晕倒”只是一次炒作。文章里列出了一份策划文案，详细地标明何洁在 2006 年 7 月 8 日到 7 月 14 日之间的活动安排，包括“7 月 9 日回京时晕倒在首都机场”“7 月 10 日何洁母亲赴京探望 + 电视媒体报道 + 平面媒体刊登照片新闻报道”等“行程”。其中，“7 月 9 日活动事件”的“宣传要素”一栏甚至还清楚写着：“何洁过度减肥晕倒机场，照片被‘盒饭’贴到帖吧（照片 + 炒作稿）”，“物料配合”一栏写着“1、两张手机照片；2、炒作稿”等。

现在的人真是神通广大，连策划方案都能翻出来。天娱公司当然不承认，还指出了诸多的疑点反驳。事件到此还没有结束，何洁跟天娱解约后，她自己又重新说起了这件事，说当时就是在炒作，是天娱一手促成的，不只是“晕倒”，还有“红地毯”“车祸”，都是赤裸裸的炒作。

为什么要旧事重提呢?

何洁的说法是要把事实说出来，而天娱的说法则是：她根本就是在借公司的名声来炒作，是“忘本”!

冤枉不?这就只有何洁自己心里清楚了。当年那个清纯可爱的何洁，已经被这些事件“塑造”成了一个想出名想疯了的功利女孩子，底线太低，娱乐性太强。

其实，难道所有的“事实”都有说出来的必要吗?特别是你还曾经配合了这个“事实”，并且从中得益的时候，你凭什么又回过头来揭露这个“事实”?没有利用价值的时候，再拿出来重新回回炉，很好看吗?你可以选择不配合，但一旦配合了，就没有立场跳出来说这个事实多丑陋。

2007 年 11 月 20 日，何洁的第二张专辑《明明不是 Angel》正式上市。《南都周刊》采访何洁时，有过以下一段精彩对白：

记者：青春期女孩子应该做的事，你做了吗?比如拉着男生的手谈恋爱。

何洁：谈恋爱，我不想，没有时间，也不羡慕同龄的女生。

记者：我说的青春期是说生理上的成熟……直接点问，你有性经历吗，觉得性美妙吗?

何洁：（突然抓起金色长发，转头对经纪人尖叫和大笑）太刺激了……哈哈，从来没有人这样问我哦……没有啊，我怎么可能有性经历。

于是，马上就引发了一场热议。

有网友挖苦地问：何洁，你到底是处女，还是处理过的女人？

确实，一个没有过性经历的年轻女孩，频繁地走光并且声称要把走光进行到底，确实让人觉得奇怪。这等的豪放，连许多明显已经不是处女的女星都自叹不如。是社会开放了，还是姑娘们想开了？一边做着非处女的举动，一边声称自己是处女，实在是让人无法不怀疑。

何洁的悲剧之处就在于常常言行不一致，因此就无法取信于人。

2008 年，何洁到武汉宣传专辑时，和当地的媒体聊起头发颜色的问题时，说了一段话，又引起了网友的不满和指责。

她的原话是："黄色很容易掉，每个月都要补染两次左右。中间要拍广告，又必须按要求换颜色，就得先漂两次，再染，再重新漂，重新染回来……头皮有点承受不了，真有点后悔自己是个亚洲人，因为太疼了，我都哭了。"

其实她想表达的意思很简单，就是染头发很遭罪。如果这话换成任何一个普通人来说，就不会上升到"崇洋媚外"的高度，最多就是一个说话不注意的问题。但这话是何洁说的，她在最爱断章取义的娱乐圈混，又有多次"口无遮拦"的前科，实在是很难让人不误会。在多次夸张的率真面前，她的解释就变成了掩饰、率真就成为了做作。

何洁是典型的率真反被率真误的反面教材。可能是年纪小，就屡屡导致"操作"不当，这才引发了这么多的口水战。而公众人物，是没有资格口无遮拦的。因为你是偶像，因为你承受了太多人的礼遇，所以，观众对你的要求就会很苛刻，你只能谨言慎行。

豪门必修课之——“若隐若现”刚刚好

古语说：物极必反，这是亘古不变的真理。凡事都要有个度。

打个简单的比方：很多女人都在追求性感。玛丽莲·梦露在地铁站捂着被风吹起的白裙子的照片，曾被誉为史上最性感的照片之一。它为什么性感？什么是性感？有人说了：当然是穿的越少越好。没错，要少，但关键是要“有穿”！太真实了反而显得丑陋，“一丝不挂”永远不如“若隐若现”耐人寻味。坦率直白固然很好，但太过了就会适得其反。

人生就像抓到手里的扑克牌，在没有出牌之前，我们不知道胜负，别人也不敢妄加推断，出牌的时候捂好底牌，才能增加胜负的筹码。而幸与不幸，也许就在你捂好的那些牌上。

第四章 优雅是一种能力

就像追星一样，所有的人都在膜拜优雅，这是古往今来最横行无忌的一种女性特质。多少年来，它如入无人之境，自动屏蔽了时空、年龄、地域等因素的限制，罕遇敌手。

它红，说明它受欢迎；受欢迎，说明它深入人心。那么，如此又红又专的禀赋，是先天得来还是后天修行的结果？

在这个世界上，是有一些东西要有赖于天赋的支撑的。毕竟不是每一个人都能像莫扎特一样，六岁就能作曲的。但后天的修炼也是必要的，生而天才而后寥寥的人也是数不胜数的。我们不排除有些人天生具备优雅的气质，但优雅这种能力是可以依靠后天的修炼得到的。

像王妃一样生活

我记得台湾一个美学评论家说过：美其实就是自己，我们不可能幻想有一张戴安娜的容貌，也不可能有生之年，去做一个王妃。能找到自己，身边的人也会过得很舒服。

——杨澜

美丽是修炼出来的

在成为王妃之前，黛安娜似乎毫无特点：羞涩、土气、不太会说话，还有点婴儿肥。

一切，就从她被选为王妃的那一刻起发生了变化。

尽管事先有无数人告诉她：你不适合王室的生活。尽管她后来听说王子有一个难以割舍的红颜知已，但她还是捺不住对王室生活的向往，以及对那个男人的爱情，义无反顾地走进了白金汉宫，成为那个华美的“笼子”里的一员。

那一年，她只有19岁。而其他人，也似乎没有料到这个年轻的王妃未来会变成倾倒世界的传奇女性。

在娶戴安娜之前，查尔斯曾经跟戴安娜的姐姐莎拉交往过。比起光彩照人的姐姐，戴安娜简直就像只沉默、自卑的丑小鸭：身型粗胖、不施脂粉，一副笨笨的模样。谁都不会想到形象差强人意、连补考都不及格的高中辍学生戴安娜会成为英国的王妃。可她就是嫁进去了，在全世界人民的祝福下举行了一个童话般的婚礼。

白金汉宫流传着两种说法：一种是，查尔斯的一帮老友有天晚上聚在一起，拟了一个简短名单，上面列着所有有贵族血统的处女名字；另一种是，王太后和多年老友——戴安娜的外祖母，喝下午茶时，谈起了这两个孩子联姻的可能性。

不管怎样，黛安娜嫁进来了。可嫁进来，并不意味着任务就完成了，要修炼成一个合格的王妃，还需要做很多功课。

首先，形象就是个大问题。为了减掉“固执”的婴儿肥，她每天游泳一小时，再加上其他训练，终于塑造出了被美容专家称为魔鬼黄金比例的匀称体型。

在成为王妃前，戴安娜并不是一个会穿着打扮、修饰自己的女孩子，入住白金汉宫后，她在这方面下了非常大的工夫，并且成功地从一只丑小鸭蜕变为优雅高贵的白天鹅。她把好莱坞式的名人魅力与王妃的尊贵身份巧妙地结合在一起，把自己塑造成了20世纪最著名的时尚风云人物之一。

王室向来要求女性成员的服装以粉红色、淡黄色等淡雅醒目色调为主，戴妃却别出心裁地破除了这一不成文的规定，出新出彩。针对自己的特点，戴安娜选择了五颜六色的服装作为自己出席各种场合的行头，样式也各有特点。但它们无一例外的是，非常能衬托出戴妃的高雅气质和风度。

尤其是在象征王室形象的帽饰上，戴安娜更用自己对时尚的理解重新诠释了这一传统配饰的概念。每次出席重要场合，她的帽饰都会成为所有人首先注意的细节。据说威廉王子出生后，戴安娜跟民众见面时戴的帽子曾经救活了一个帽子厂。人们对她的热爱与追捧，由此可见一斑。

戴妃的发型也经过了一个震惊、接受、模仿的过程。20 世纪 80 年代，掀起了一股“戴妃头”风潮，把流行多年的野性美猛然拉到了欧洲贵族典雅的传统美之上。

永远的“英伦玫瑰”、英国史上最美丽最纯真的王妃戴安娜，她风华绝代，不仅仅是因为她形象、气质上的出众，更因为她有一颗饱满的爱心。

1991 年 7 月的一天，当时的美国总统夫人芭芭拉·布什与戴安娜一同探访了一家医院的艾滋病病房。就在这个病房里，黛安娜做了一件让全世界的艾滋病患者都无比温暖的事：她拥抱了一个病得已经起不来的患者。

没有歧视、没有疏离，只有爱。而且，她还是一位高高在上的王妃！患者哭了，总统夫人和其他在场的人也都被感动了。

在 1991 年长达 5 个月的时间里，她一直悄悄地帮忙照顾艾滋病患者艾瑞·杰克逊，甚至还把两个儿子带去。

艾瑞·杰克逊是英国芭蕾、歌剧等艺术领域的杰出人物。20 世纪 80 年代中期，他被诊断为 HIV 阳性。尽管生性豁达开朗，可艾瑞一时间还是难以接受。后来，在他出任慈善组织拯救危机基金会副主席时，认识了戴安娜王妃，也由此开始面对严酷的现实。1987年，艾瑞向女友安吉拉·西萝达坦白了实情。在两个女儿的全力支持下，安吉拉尽心尽力地护理受病痛折磨的艾瑞。

在艾瑞生病期间，戴安娜常常前去探望，给病中的朋友支持、鼓励、信心和勇气。

在安吉拉眼中，戴安娜美丽得远远超出美丽的简单定义，她丰富的内心世界时时迸射出夺目的光芒。

戴安娜关心所有的病患者，她对瘾君子、麻风病人、无家可归者、受虐待儿童同样倾注了深切的感情。

她亲切、友善、华贵大成，却又可以放下王室的架子，努力推进慈善事业，她对弱者的同情和敢于表露真实感情的勇气让民众更加爱她。她的大胆言行，给了一贯刻板的王室以刺激和鼓励，并在潜移默化中改善了王室与人民的关系。

《人物》杂志曾采访过一家世界著名广告公司，询问如果他们设计一轮广告攻势，为英国王室树立像戴安娜曾创造过的正面形象，预算是多少？答案是：大约5亿美元。

将毕生精力奉献给慈善事业的特蕾莎修女曾对戴安娜说：要拯救他人于水火，你须置自身于苦海。是啊，当时黛安娜就已经在“苦海”中了，她的婚姻已经无可挽回地失败了。可这并不妨碍黛安娜去爱，也不妨碍她去做一个优雅的王妃。

她没有了殿下的身份，却依然是英国人民最喜欢的王妃；她不再是查尔斯的妻子，可她却拥有无与伦比的号召力。《每日邮报》

分别跟着王储和王妃独立出访一段时间后，于1993年4月得出结论：与戴安娜相比，查尔斯事倍功半，戴安娜在16次公众活动中，吸引9000余人，平均每次567人，查尔斯的平均值是134人。她为英国的工业、旅游、健康等领域创造了巨大的经济价值和社会价值。

尽管骄傲的英国王室不愿意承认他们放弃的王妃居然拥有超过王储的影响力，可民心是无法控制的，时至今日，戴安娜的地位依然没有改变。在全世界成千上万的病患者、残疾者、贫苦的人、未受过教育的人心目中，戴安娜占有近乎神奇的地位。在历次公布的民意测验中，她都是王室最受欢迎的成员之一。

通过对公益事业不懈的努力，戴安娜赢得了“圣人戴安娜”的美誉，还曾超过女王和查尔斯，跃升为“王室最受欢迎人物”民意测验的榜首。她的品牌效应给英国带来的持续影响力，直到今天都没有消失。就像埃尔顿·约翰在黛安娜葬礼上唱的：“你的烛火虽已烧尽，但传奇将流传下去。”

看到了吗？有爱的女人最美。这种爱，是一种大爱，哪怕她自己身处苦难、内心悲苦，也依然对世人怀有一种深刻的爱和悲悯。有大爱的人有大美，而这，是需要修炼的。

豪门必修课之——模仿是对策，盲从是下策

戴安娜只有一个，无从复制，也不可能重生。想模仿，OK；想追随，可以；但如果一味盲从，就是下下策了。事实上，只要有心，任何女人都可以像王妃一样优雅。

扬长避短是最基本的。就像拍戏的时候找准角度一样，你也要找到自己最耐看、最经得住修饰的地方。先定好位，再进行科学合理的搭配，回头率肯定低不了。但切记不能盲目地赶时髦——如果你长了一双壮硕的粗腿，就没必要学别人穿着短裙配黑丝袜秀性感。麻烦先去把腿减细了再来秀，糟蹋东西是其次，关键是把你自己也糟蹋了。

适合自己的，才是真潮流。这是扮靓的不二法门。

美女也能做漂亮事

漂亮的女人，不一定全是花瓶。好看，再做出好事，就会有一个好人生。上天给你美貌，本就是厚赐，只能珍惜不能浪费。做名贵的漂亮花瓶，固然可以算是一个理想，但如果在养眼之外再加上一点价值，就更有看点了。

在黛安娜之后，又有一位来自王室的明星横空出世——约旦现任王后拉尼亚。这位以高雅端丽的风采被誉为“世界上最美丽、最优雅”的王后，被称为阿拉伯世界的黛安娜，也被美国人认为比杰奎琳－肯尼迪还有风度。

拉尼亚是约旦现任国王阿卜杜拉的王后。她长得非常漂亮，再配上真诚温和的微笑和明亮妩媚的黑眼睛，让人惊艳不已。据说，当年阿卜杜拉将拉尼亚带到父亲面前时，老国王侯赛因对儿媳的美貌赞叹不已，仅仅几个月，他们的恋情便修成正果了。

拉尼亚出生于科威特，在一个开明的中产阶级家庭里长大。父母是巴勒斯坦人，他们在20世纪60年代从约旦河西岸移居到了科威特。当医生的父亲为三个孩子提供了接受西方教育的机会，但也向他们灌输了阿拉伯世界的一些传统思想。拉尼亚从小就对神秘且富饶的阿拉伯海湾充满幻想，也关注着巴以之间纠缠不清的领土纷争。但那时候，她并没有想过自己有一天会成为王后，也不曾想过可以通过自己的努力改变阿拉伯世界。

因为战争，拉尼亚一家逃离了科威特，于1991年移居到约旦首都安曼。就在这里，她邂逅了她生命中最重要的人。1993年，在阿卜杜拉的姐姐举办的一次招待晚宴上，拉尼亚和当时的约旦王子阿卜杜拉相遇了。他们一见钟情，并在当年的6月结为百年之好。

虽然成了尊贵的王后，可受过西方教育的拉尼亚并没有在王宫里过安逸生活的打算。她希望能为自己的国家做点什么，在承担王后应尽的责任之外，参加一些社会事务。

当时约旦的失业率极高，进出口严重失衡。安曼虽然是首都，可是居然还有一些家庭没有水用，国家基础设施的建设也非常滞后，这让一些投资商对此望而却步。为了改变这个现状，阿卜杜拉国王决定把约旦建成中东的硅谷。拉尼亚非常支持丈夫的想法，并进一步建议在现行的学校教育中引入高新科技，这不但使无数孩子受惠，也推进了国家科技人才的储备。

拉尼亚将自己的精力更大部分的投入到维护妇女权益，提高妇女的社会地位上。拉尼亚说："西方对阿拉伯妇女的宣传过于脸谱化了。西方人眼中的阿拉伯妇女是非常保守、没有接受过教育的，而事实上，我们中不乏出类拔萃之辈，她们的思想非常进步。”在拉尼亚看来，就家庭与事业之间巧施平衡的本领而言，阿拉伯妇女在世界女性中堪称楷模。毫无疑问，拉尼亚就是其中的杰出代表。她不断剥蚀掉阿拉伯国家清规中束缚妇女的东西，使妇女的权益得到了保护。她还制订了一个为贫穷妇女提供小额贷款的计划，并极力反对家庭暴力，以期把女同胞们从不合理、不人性的陋习中解救出来。多年来，她为了维护妇女儿童权益四处奔走，改变了世界对阿拉伯女性的种种成见，得到了民众的尊崇。

豪门必修课之——每个女人都可以是“世界小姐”

外表的漂亮一目了然，让人赏心悦目。但同样的，它也禁不住时光的摧残，很容易枯萎，因此会有时间限制。而美丽却能经久不衰，让人回味无穷。就像提起漂亮的女人，一般不会包括30岁以上的女性，而美丽的女人却可以是宋美龄和撒切尔夫人等“老女人”。

别人赞美你漂亮，其实反倒没什么成就感，因为长相是天生的；但如果赞美你美，倒真有得意的必要，因为对方是在肯定你周身散发的光芒。

其实，每个女人都有成为“世界小姐”的机会，就看你能否发现自己的美、是否有能力淋漓尽致地诠释出来，并因此而打动评委。

“时尚”，说明你“此时尚在”

想变时尚？记得永远不要微笑，还要穿上短裙和超高跟的鞋子，再留一个波波头。

——维多利亚·贝克汉姆

跟不上时尚就跟不上时势

女人是为时尚而活的，跟不上时尚的女人是很难上位的，因为跟不上时尚就跟不上时势。得时尚者得天下得人心。漂亮很重要，时尚更关键，紧跟潮流是每个女人的必修课。站在时尚潮头的美女，总是会赢来更多的喝彩。

一个“土”女人是很难有机会杀进豪门的。“人靠衣装”再俗，也是一种公众认可的审美。至少，你时尚，说明你随时都在关注这个世界的态度和想法，你号准了时代的脉搏，说明你一直在前进。而反之，一个太土的人，总会让人感觉被遗忘在过去，显得跟现在格格不入。不抢眼，就不引人注意。由此带来的恶果就是被人忽视。

对不起，这是实话。眼球经济就是火爆，你有什么办法?

娱乐圈的人是最潮的，因为谁潮谁出位。在美国《魅力》杂志评选的12位“2009年度风云女性”中，经历了“斗殴”事件的蕾哈娜挤掉众多竞争对手，爬到了榜首，委实让人佩服。

蕾哈娜自从转型之后，那个喜欢穿着西装和紧身裤的假小子就消失不见了，取而代之的是长卷发搭配精美裙子和高跟鞋的潮流小女人。于是各大杂志纷纷为她拍摄时尚大片，她自己也拍起了诱人写真，并多次为时装周走秀。2009年，法国巴黎Balmain时装秀，蕾哈娜的鸡冠头、小西装、小丑裤、内衣外穿再加上整体黑色将繁复时装元素组合起来，成功演绎了混搭造型的极致，一跃成为美国小天后，并有传言说蕾哈娜取代了麦当娜2011年Dolce&Gabbana的广告宣传代言。这就是时尚带来的效应——圈子里的风云人物总能获得高出镜率。

如果说还在为豪门奋斗的人潮是为了给自己赚取更多的筹码，那么已经进入豪门的人，仍紧跟时尚，我们就不得不佩服其敬业了。美国第一夫人米歇尔，就是这样敬业的人。

从米歇尔陪着奥巴马一起出现在公众面前时，她就一直以衣着品味高雅、风格独特而备受赞赏。

曾经有人笑话她不够年轻漂亮，身形太长，骨架太大；还有人笑说她总是露出“麒麟骨”，皮肤又黑。但米歇尔从不理会这些，她尊重自己的年龄和体形，也刻意掩盖这些普通人眼中的缺点，她有一套自己的服装搭配学问。显然，她是成功的——她的每一次惊艳登场都令人叹为观止，人们形容她的都是“耀眼的”“女王”之

类的词汇。

在伦敦会见英国女王伊丽莎白时，米歇尔一身简洁的黑白配：休闲针织开衫具备美国特色，硕大的珍珠项链尽显优雅尊贵，这样的装扮充分体现了美国气质，并足够尊重年迈的英国女王，分寸把握得刚刚好。

2008 年6 月3 日奥巴马赢得候选资格的当天，米歇尔身着 Maria Pinto 紫罗兰色连衣裙，系黑色 Azzedine Alaia 漆皮腰带，配上大颗白色珍珠项链，这使她一夜成名。这件由芝加哥设计大师 Maria Pinto 亲自设计的服装更成为她的招牌着装，被人们称为是米歇尔的“紫色战衣”。结合当下流行色彩，她黝黑的皮肤搭配紫罗兰色，正展现了她的健康和简洁大方，这样的时尚造型让她上榜《名利场》评选的“2008 年度最佳着装人士”，并且这已经是她连续四年荣登此杂志了。她还是美国历史上荣登《VOGUE》杂志的第二位“第一夫人”，可见她的时尚功力。

米歇尔的着装哲学带来的巨大影响让所有人开始猜测：假如某天米歇尔离开白宫的话，很可能会成为时装品牌的顾问、代言人或者时装公司的总监，不然就是时尚杂志的撰稿人等。

说了这么多，是想说明什么呢?

别小看时尚，身在豪门的女人首先必须是时尚的，是紧跟流行文化的，是活得精彩、精致、精髓的。因为时尚是女人一生的事业，不论何时都要光彩照人，都要鹤立鸡群。不论你是想嫁入豪门，还是想自己奋斗成豪门，你都要把自己倒饬得配得上那道豪华无比的门，面子重要，效应更重要。以貌取人不是怪现象，是现实主义的一种集中反应。再不济，抱住时尚的大腿，总会让你显得格外精神吧！

最基本的原理就是：时尚，说明你此时尚在。

豪门必修课之——着装是一种基本的社交标签

什么是时尚？这个天天被人们挂在嘴边的词，其实传达的不过是当下人们的一种生活态度观念。看不懂时尚，就看不明白时势，这是追捧时尚的人的苛刻思维。

其实想想也没错。融入这个世界，就得听懂它的语言、读懂它的心声，不在状态、不够应时顺势，怎么能般配呢？所以，别轻视穿衣打扮的重要性，人靠衣裳马靠鞍，这是一个老得不能再老的理儿了。“潮”一点，至少比较抓眼球，也能聚人气。你把自已倒饬成什么样，别人就会下意识地把你想象成什么样，以貌取人就是这么残酷。

时尚是一种手段

最不该鄙视的高调就是时尚，大胆尝试时尚的确是一种能力。娱乐圈代表时尚、代表潮流，这是公认的，创新并得到肯定的艺人也不在多数，而 Lady Gaga 和辣妹维多利亚·贝克汉姆就是不得不提的两位。

年轻的Lady Gaga顶着“穿着暴露的不良少女”的称号，在无数人的口水里一路高歌猛进，凭着大胆前卫和另类的性格，创造了属于自己的时尚符号。仅仅在艺坛闯荡了两年多，她就成为了当今歌坛最受瞩目的明星之一。光是2010年，Lady Gaga就获奖无数，其中当属2010年第三十届全英音乐奖、第五十二届格莱美奖和国际最具突破艺人奖最为突出。

Lady Gaga是不是个好歌手，这还需要时间来验证，可她却无疑是个很懂得娱乐规则的人。她以一种另类的方式，诠释着她的音乐态度、时尚态度。她曾这么说：“抗拒流行并不能代表自己很酷，所以我要拥抱流行，我希望所有人都能被这种生活态度所吸引。”

于是，我们看到了她许多奇奇怪怪的装扮：怪异发型、蝴蝶头结、透色连身裤、太空眼镜等，而现在，这成了众多明星争相模仿的装扮，她的“米妮头”还被许多歌迷录下完整造型过程放在网上，供大家学习。

而且，Lady Gaga也非常清楚时尚圈的喜新厌旧，所以，她的造型千变万化并且变得异常迅速：刚刚还是米妮头，转眼又换上了泡泡装，接着又塑造了半点朱唇……人们在眼光缭乱之余，加快速度也很难跟上她的脚步。不要紧，我们跟不上没关系，借着这股势头，让人又爱又恨的Lady Gaga一路从流行音乐界蹿红到了时尚界，当真是横行无忌。

很显然，Lady Gaga的做派和风格非常符合这个时代的胃口，人们很难不被她吸引，尤其是当下的年轻人，更把她奉为时尚教母。一位美国资深品牌咨询公司的老总史蒂夫说：Lady Gaga正站在世界的顶峰，她的价值已经远远超过了她本身，更超过了音乐。她的时尚，是包含众多表演元素，而不仅仅局限于音乐圈，甚至圈内的很多老前辈都感觉到了危机。有媒体说，连小天后克里斯蒂娜都在学习 Lady Gaga 的时尚。向来标新立异的 Lady Gaga 则说：能跟克里斯蒂娜相提并论，是自己的荣幸。事实也证明了这个年轻姑娘的影响力：Lady Gaga 已经成了美国连续四首出道单曲连续荣登公告牌冠军的女歌手。

Lady Gaga 曾说过一句话：她要一点一点慢慢改变世界。我们姑且不去猜测这句话是否能实现，我们可以肯定的是：她桀骜不羁、火爆热辣的特质，正是时下许多年轻人向往并追捧的，她能将这些物质在生活中发挥得淋漓尽致，所以才创造了一系列的“时尚”带动并影响了一代人甚至全球。

也有人说 Lady Gaga 很“雷”。每次出现，简直就是“雷婆”出行，轰得人通体焦透。这不是在出彩，是在出丑！可事实上，“出彩”和“出丑”的定义一直很模糊，一线之隔，全在于当时的心情和态度。麦当娜出道的时候，曾经被无数人骂过、唾弃过，可现在，她是当仁不让的天后，引得无数人顶礼膜拜。Lady Gaga 的今天，不一定就是麦姐的昨天，但光是她对这个行业的投入，也值得我们好好回味一把。至少，她有能力引导这个圈子，并且创造出一轮又一轮的时尚风潮。她提示的或许是一个符号，也可能倡导了一种理念。说到底，人家不是在跟风，是在创造风潮。这种本事你有吗？跟着别人走，和带着别人走，这是两种感觉。你喜欢哪一种？

再看维多利亚·贝克汉姆。自从 20 世纪 90 年代中期辣妹组合

诞生开始，她作为歌手一炮走红，后来又成了新锐时装设计师，十多年来一直走在时尚的尖端，被公认为是世界上仅有的几个真正的时尚偶像之一。

1997 年，辣妹嫁给了万人迷贝克汉姆之后，更成了见报率极高的话题女王。除了他们的家事，她千变万化的经典造型也成了时尚界的热门话题，崇拜她的粉丝不计其数，并赋予了她一个“时尚教母”的称号。事实证明，维多利亚的时尚也的确具有顶级风范。

有很多追求时尚的人士都会聘请私人造型师，维多利亚却不这么干。以前没有，将来也不会，她完全要按照自己的意愿做自己的造型师。在担任其他品牌代言人的同时，她凭借出众的潮流敏感度和悟性，创立了 Rock & Republic 世纪牛仔裤，之后又创立了 DVB。

2008 年 5 月 16 日，维多利亚为自己创作的 DVB 品牌服装做宣传活动，并且穿上了亲手设计的服装：一条贴身喇叭裤，一件黑色露肩晚礼服上衣，配上胸前的黑色大花造型。虽然她的体型不是绝对完美，不过好在她敢于为自己的超骨感身材找到最切合的着装风格，我行我素的时尚辣妹理所当然赢得了所有人的关注，其中不乏赞赏和批评。有人说她的设计总是优雅风，有的说简直就是一潭死水，但不可否认她获得了不可思议的商业成功。截至 2010 年，她的品牌 DVB 已经包含了礼服、牛仔裤、包、太阳眼镜等一系列的成熟品牌。在 2010 年伦敦奢侈品时尚峰会上，维多利亚作为压轴嘉宾发言，时尚大师的地位已经奠定。

除了能亲手设计品牌服装之外，维多利亚还有一个穿衣观念——并不狂热名牌。她认为非名牌也并非次等货。她能轻而易举地挑选出最合适的衣服，搭配出最时髦的造型，并且不会被别人发觉穿着的陈旧。她还喜欢在旧货市场淘宝，她并不认为花钱少就意味着不能创造时尚。

除了服装，维多利亚身上还有更多的时尚例子。比如，她的发型是除了着装之外的第二大看点。在成为贝嫂之前，她的身材比现在稍胖，脸比较圆，发型就是被所有人熟知的经典 BOB 头。婚后，她尝试了第一次短发造型。2001 年 10 月，她在个人演出中，将头发大胆接成黑白相间的直长发，这一改变让粉丝们惊喜非常。2006 年她以一款时尚 BOB 头亮相，引发了一大拨跟风分子争相模仿。之后，她干脆把头发剪得更短，大家又开始追随她的打扮。2009 年的时候，她把头发彻底剪短，这个新发型在当时成了时尚圈的热门事件之一。

现在已经是三个男孩母亲的维多利亚，在做好贤妻良母之余，仍在继续挖掘和展示她的时尚天赋，为创造更完善更能引领潮流的服装做准备。她要向世界证明自己不仅是足球巨星大卫·贝克汉姆的妻子，更是时尚界特立独行的成功人士。

不管是 Lady Gaga 还是维多利亚，她们都是玩转时尚的当代潮女。当一个人有能力、有资格引导别人的时候，视角就会不一样，层次自然也会高人一筹。你也许会反问了：难道我们就要无所不用其极地打着时尚的号角搏出位吗？

如果我说是“是”，可能会招来一片骂声。这种观点，毕竟是不符合主流价值观的。可就像一位资深评论人士说的：范冰冰之所以能顶着一片骂声红了，就是因为她是个“熟手”，她知道怎样出位、怎样抓眼球。在这个前提下，她的记忆度就一步步地加深了。

所以，我们可以这么理解：时尚有时候是一种手段，它可以帮助你在最快、最短的时间内走入别人的记忆库，这样，在你需要关注、需要帮助的时候，就往往会产生一些意外的效果，让你得以更便捷地接近自己的目标。

豪门必修课之——时尚不是跟风

从事时尚分析41个年头的Doneger Group公司创意总监戴维·乌尔夫说：现在已经无所谓潮流风向了，一切皆在个性之中。

如果这一季流行海魂衫，你就急着四处购置海魂衫；下一季标榜骷髅头，你又急着去添骷髅头，那不等于别人用什么你也跟着用什么吗？所谓时尚的符号太多，就只能叫做大众。

真想学时尚，就去领悟一下时尚的精神，去创造属于自己的个性时尚标签，这才算是不折不扣的时尚达人。要不然，多昂贵、多风尚的衣服穿在身上也只是一块遮羞保暖的布料。

大牌只是个传说

有时候，价值比价格更重要！

——李宇春

爱名牌可以，败家没理

章小蕙作为娱乐圈崇尚名牌的“拜金女”，无人不知无人不晓。同一款 Chanel 套装，她能一次买三件不同颜色的，据说，她买下的鞋子数量可以与前菲律宾总统夫人伊梅尔达相媲美，不下三千双。在名牌时装店血拼的她为了要出一张唱片能购置 60 多套名牌服饰。有报道说，她与很多大牌关系良好，西班牙超级大牌 Loewe 赞助她手袋，她为了回报买下了十几把 Loewe 的扇子。即使在传出她要申请破产的情况下，章小蕙依旧不放弃狂买名牌，饭可以不吃，名牌不可以不买。

想当年，“万人迷”钟镇涛偶遇“拜金女”章小蕙，不惜花重金讨美人欢心，终于成就了一段剪不断理还乱的缘分，到头来，金童玉女还是劳燕分飞。当年的钟镇涛也是住豪宅开靓车，据说章小蕙每月必花上巨额金钱买名牌服饰，别人可能到服装店挑几件就算了，她可是直接看服装秀录影带，接着向厂商下订单，或者干脆飞往意大利、法国扫货，一趟下来，就是百万不止。1996 年，她以公司名义向“裕泰兴”财务借钱炒房地产，先后购入 4 套名宅，没想到金融风暴让楼市急跌，欠下了 2.5 亿元债务，钟镇涛不得不申请破产，章小蕙与钟镇涛分居，和富商陈曜旻交往，钟镇涛最终与章小蕙离婚。

后来，陈曜旻和钟镇涛一样，也栽在了美人手里，他的年收入仅在百万左右，除了要承担妻子所欠的银行债务，还不能摆脱情人章小蕙的巨额开销，只好卖掉了奔驰房车以抵贷款和开销。于是两人交往两年以后，陈曜旻也向法庭申请了破产。据当时消息说：陈曜旻在等候法庭宣判其间公开承认，自己走到今天这步完全因为迷恋章小蕙。在陈曜旻女儿陈小韵的口中，章小姐也成了破坏别人家庭幸福、导致别人家破人亡的罪魁祸首。

人各有所好，也许这就是章小蕙的生活方式，她不认为爱名牌是拜金，也不觉得男人为她花钱有什么不对。这是一个观念的问题，不一定非得上升到腐败堕落的高度。公平点说，一个女人能混到这种程度，让男人们争先恐后地为她埋单，也是个本事。而且后来也有报道说：钟镇涛之所以破产，主要原因是投资失利，不能把责任全推到章小蕙身上。陈曜旻破产，也有自身的原因。就像陈奕迅说的：买衫能花多少钱？别总怪女人太能花，也适当地检讨一下男人是不是不会挣。

当然了，话是这么说，对大部分人来说，做“名牌控”是很吃力的。所以，爱名牌可以，这也是一种生活品质的体现嘛！但别太败家，尤其是不顾实际情况地瞎追名牌，这就有点过分了。

刚刚大学毕业走上工作岗位的L，月薪三千，却扮演着闪灵刷手的角色。购物从来不进小店，从衣服、裙子、鞋子到日常生活用品，无一不是名牌。只要看上哪款大牌货，根本不考虑价钱，只要自己喜欢，就买来用。有时刷卡刷到爆，还在疯狂试衣服，最后借钱也要买。朋友们都知道L是个“月光族”，到处欠钱，还款时间到了也还不上，只要看到L打来的电话必要先做好用“撒谎没钱”应付她的准备，L越来越得不到朋友钱包的支持，被店员伺候完毕，只好依依不舍空手离开。

一天，她和同事一起shopping，发现了一件时髦的大牌连衣裙，本来家里的衣橱里已经有了好几套本季高档连衣裙，还是禁不住诱惑试穿了半天，结果在朋友的赞许下，爽快掏出了1890元直接将裙子穿在身上“招摇过市”。看到大街上帅男美女向自己投来艳羡的目光，她心里暗叫：值了。一会儿同事说要去书店，还没挪动脚步，L的目光就被对面橱窗里GUCCI的新款包包勾走了，拉着同事就冲着皮包疯狂跑去，终于倾尽所有买到才松了口气，跟同事说：“幸亏及时来买，没被别人给占了。”隔天上班时，L穿上新衣服，背着名牌包，在办公室里到处显摆，同事们的赞美让她笑得合不拢嘴。大家向她咨询关于服装的问题时，她就像个专家，说得头头是道，工作对她来说倒不像是正事，一整天下来，都在研究服装的流行趋势。

有一天，单位派她去跟着布置会场，大家都忙得不可开交，她却像个大小姐穿着一款高级连衣裙往台前一坐，只一句“我的衣服不方便，辛苦你们了”就算是交代了。大家背后嘀咕：真不像个样子，以为会场是时装展吗？

L爱美在单位是出了名的，人也漂亮，男领导们都拜倒在她的石榴裙下，偏偏单位刚刚换了个四十多岁的女领导。这下可好，L在会场优哉游哉涂脂抹粉的样子被监控室的女头头逮了个正着，再翻查她的工作业绩，未完成的工作一大堆，上个月考评，她竟然是上百名员工里的倒数第三名。不用说，L被不怜香惜玉的女头头狠狠批了一顿。

还有一次，她看上了一套意大利品牌进口服装，可是钱包里空空的，上个月欠朋友的钱也还没还。没办法，L只好回家跟老妈说好话借钱。这几年老两口光给女儿买衣服的钱，加起来起码也有3万了。这不知节省的姑娘让父母常感叹：嫁人了可怎么办啊。老妈狠骂了她一顿：“别像个绣花枕头，升职没你的份儿，穿衣服穿到穷，我倒是看看将来你能找个多养得起你的男人。”L被老妈损了一顿，一气之下离家出走了。最后还是老爸心软，打电话把她哄了回来，又偷着塞给她2000块钱，但这钱不是让她买吃买穿的，警告她说：“先把欠朋友的钱还了，这是我这当爹的最后一次给你零花钱。你早已经成人了，以后可不会再给了。”L根本不把爸爸的话当回事儿，手里一有钱，又抬腿去了商场，顺路“捎”了件可心的衣服回来。等到第二个月经济亏空了再次找到老爸，死缠烂打也没讨来一分钱，老妈就更别提了。

L欠了一屁股债，又没了父母支援，心里郁闷得要命，下班回到家父母也拉长着脸摔摔打打，她终于发愁了。再加上工作也不顺心，刚刚还因为出了差错被女头头扣了两个月的工资，真是没一件事能让她舒服一点。而且，由于她“臭名远扬”，朋友们也跟她疏远了，居然还相互传起了一句话：珍爱生命，远离L。

其实何苦呢？没钱就老实点，大牌是大人物用的，普通人高攀已不是正常现象。为了摆阔、提高身份，而把自己搞得灰头土脸、名声败坏，多得不偿失。爱打扮没错，但要适可而止，真把自己搭进去，后悔都来不及。

豪门必修课之——没钱不必装大牌，有钱也禁不起拼大牌

穿上名牌，就似乎在无形中提升了一个档次。这话不错，要不然也不会有那么多人追捧大牌了。但凡事都该量力而行，没钱就别装大牌，钱这东西，赚的时候不容易、花起来却非常简单。一块印着抢眼LOGO的大牌手帕，也许就能花光你一个月的薪水。值吗？

生活档次不是几个LOGO拼起来的，如果你食不果腹，却还是狂热地追求名牌，在外人眼里，你这种行为不叫有品位，叫有毛病。不是谁都有资格当“名牌控”的，在没爹可拼、没男友可傍、自身赚钱水平又不够的情况下，就消停一下吧。没有大牌不会被瞧不起，不自量力地装大牌才真的可笑。

即便有钱，也不能像开闸放水一样地拼名牌。章小蕙怎么“臭名昭著”的，地球人都知道，你又何必去重蹈覆辙呢？

没有名牌，可以懂名牌

其实，追名牌不一定就非得全身挂满名牌，在一些细节上出色，也同样给力。对大部分人来说，追名牌的哲学就在于抓重点。而且，往往是这些细节上的搭配更显品位。看看时尚新闻点评某某名媛、贵妇、淑女的时尚装扮时，常常会“揪”住一些小物件说话：一条潮到爆的围巾，一款风格十足的墨镜，一条设计感极强的手链，一款重量级的包包……

而在这些超级配饰中，包和鞋是不得不提的基本配备。

先来说包。

但凡玩包的人，都知道爱马仕的凯莉包和柏金包。关键不是贵，是那无法用钱来衡量的身份。只要是有头有脸的人，都得有一款爱马仕，要不然就上流得不彻底。很多上流社会的名媛贵妇和明星都是它的忠实 Fans。据说想拥有一款爱马仕包，等上个一年半载都不稀奇。爱马仕的江湖地位由此就可见一斑。

在娱乐圈，爱马仕几乎是所有“腕”级女星的必备品：

2010 年 10 月的一天，有记者抓拍到刘嘉玲手拎一款柏金包，一边走一边卷袖管，颇具大姐大风范。

一直备受关注的大 S，既是新晋的豪门贵妇，又是台湾的大姐，当然也少不了爱马仕的助阵。有媒体拍到大 S 手拎黑色柏金包在机场出现，时尚女王气度依旧不减。而在他们既闪电又高调的婚事中，爱马仕也扮演了非常重要的角色——大 S 送了一款爱马仕给婆婆，哄得婆婆凤心大悦，对媳妇赞不绝口。

还有超级辣妈张柏芝，也超爱爱马仕。有一次为婆婆狄波拉庆生时，向来时尚的张柏芝以一款粉红色爱马仕包配一双粉红色板鞋，潮味十足。

除此之外，赵薇、侯佩岑、黎姿、王菲、周涛、李玟、张曼玉等都是爱马仕的拥趸者。好莱坞的超级明星们，从 Kate Moss 开始，几乎人手一只柏金包。爱马仕被这些知名人士如此热捧，到底是具备什么魅力呢?

知道凯莉包是怎么来的吗?

20 世纪 50 年代，著名的优雅女星格蕾斯·凯莉，被当时好莱坞赫赫有名的大导演希区柯克看中之后，随着拍摄的电影人气大涨，她的角色造型和装扮也引领了当时的流行趋势。凯莉在电影《后窗》《电话谋杀案》《上流社会》中佩戴的白手套和搭配的伞裙让无数的女星纷纷模仿，而她的一身黑色露肩装也开创了女性露肩胛骨的魅力时代。

1956 年，格蕾斯与摩纳哥大公兰尼埃完成了一场豪华婚礼。从影后到王妃，格蕾丝的每一次华丽转身都给各界人士带来了非同一般的视觉享受，她已经成了创造名牌的符号。在电影中的缎带披肩已经成了过去式，白丝手套却被作为王室象征越来越被尊崇。王妃的头衔，给了她身份的实质提高，也给了名牌新的生命。1957 年，身怀六甲的格蕾斯为了躲避媒体镜头，用自己的红色爱马仕手袋遮掩住小腹。正是这个动作，成就了爱马仕历史的一个经典瞬间。从

此，这款包被命名为“凯莉包”，成了世界品牌史的经典。而在此之前，格蕾丝也向来喜欢爱马仕。经由这件事的刺激，在媒体的炒作下，这款提包更因格蕾斯而名声大噪。直到现在，凯莉包都是销路最好的手袋之一，价格也非常昂贵。并且，爱马仕手提包的制作精良，从头到尾由一个人缝制。如果想拥有一款全新的凯莉包，必须提前半年以上定制。

除了凯莉包，爱马仕还有一款以人名命名的经典皮包——柏金包。Jane Brikin 曾经是猫王 Serge Gainsbourg 的伴侣，以其独特的魅力成为软性性感的代名词。1984 年，当时的 Jane 乘坐从巴黎到伦敦的飞机，她从包里掏出她的爱马仕行程簿。匆忙之中其他的纸张也随着掉到了地上，她便向旁坐乘客抱怨说这个行程薄要是有个口袋多好，现在几乎找不到实用又经典的大提包了。巧得很，这个乘客恰恰是爱马仕的第五任总裁。听到 Jane 的抱怨，总裁专门为她设计了这款柏金包，并以她的名字命名。这款包因为又多了一种实用功能，更得到了许多人的青睐。很多女明星甚至都排队定购它，据说有的甚至要等上两年。

就是因为这两款包的出身不凡、品质上乘得到了众多贵妇名媛明星的钟爱。如果只是盲目追名牌，却不知道它的出身来历、文化内涵，那拎着名牌包也跟拎着麻袋差不多。

说完包，再来说鞋。

可以说，拥有一双马洛诺是每个 Shoe Mania 的梦想。Shoe Mania 指狂爱鞋子的女性，《欲望都市》中女主角 Carrie 就是 Shoe Mania 的最佳诠释者。Carrie 爱鞋子到了如痴如醉的地步，不惜花重金购买马洛诺。剧中 Carrie 在街角遭遇抢劫时苦苦哀求劫匪：求求你别拿走我的马洛诺。这个情节让马洛诺瞬时就火遍了全球。随着《欲望都市》的风靡全球以及 Carrie 在剧中的完美演绎，马洛诺成了无人不知、无人不晓的品牌。不少女生都被 Carrie“调教”成了 Shoe Mania。

2008 年，英国文化大臣 James Purnel 向品牌设计师马洛诺颁发了 CBE 荣誉勋章，表彰他在鞋履设计领域的突出成就。马洛诺鞋子已经成为国际名流巨星们的“心头好”，如詹妮弗·佩罗兹、凯莉·米洛、已故戴安娜王妃等都拥有至少一双马洛诺。

Ann 是个律师，月收入六千，这个经济水平在刚毕业一年的年轻人里算是相当不错的。Ann 人长得瘦瘦高高，清新漂亮，经常阅读时尚类杂志，按照里面的推荐去选购服饰和化妆品。不得不承认，经过名牌的包装，人确实能提高一个档次。

Ann 爱名牌，但她不是富婆，不能肆意地买名牌。所以，她买名牌从来都很有自知之明，不盲目、不冲动。比如，前段时间她看上了一款一万多元的名牌手表，这个价格是 Ann 一个半月的工作收入。虽然很喜欢，但当时她并没有冲动地买下来，而是回家自己规划了一下，决定到年底时当做新年礼物送给自己。这样，她平常的生活也不会吃力，年终奖也有了去处，还能拥有喜欢的东西，可谓是一举数得。

Ann 也很喜欢国货，喜欢一些物美价廉又有质感的东西。而且，她从来不认为浑身上下都是名牌就显得格外有档次。她依然会选择舒适耐穿的纯棉 T 恤，实惠又好用的凡士林……

但参加重要场合时，Ann 一定会根据情况精心地打扮自己。比如有一次，她要参加一位在律师圈子里很有威望的学长的生日 Party，到场的都是圈里有头有脸的人物，很值得结交。去之前，Ann 做了大量的准备工作，并且试了好几套衣服，最终选择了一条价格在中高档的黑色低胸礼服，搭配了一款 LV 吊坠项链，脚上是一双很有设计感的金色高跟鞋。

果然，Ann 的这身装扮吸引了在场很多男士的目光，也让学长的太太赞赏有加，不住地跟她讨论时尚经。

其实，如果有一定的消费能力，是可以适当地追追名牌的。普通人跟名牌的距离也不是想象中那么远。买不起浑身的名牌，却可以选择一些比较关键的物件，比如一款精致的手表，一只经典款的皮包，一双设计感强又舒适的高跟鞋……都可以成为你的囊中之物。有人说，男人看表，女人看包。再不济，买只好包包的钱总能有吧？

抠好细节，找准关键，也照样可以出彩。这就是普通人的实用名牌哲学。

豪门必修课之——没有 LOGO，不代表就没有品位

品牌的英文单词 Brand，源出古挪威文 Brandr，意思是“烧灼”。最初人们是用这种方式来标记家畜等需要与其他人进行区别的私有财产。发展到现在，已经具备了更深刻、更广义的内涵。

在现代品牌学中，品牌的本质其实就是产品概念对接了人群情感，由于它所表现出来的气质、习惯、行为等品牌元素符合了消费者心中的情感需要，进而就产生了价值，因此才被人们需要。

所以说，有LOGO没内涵，是非常难看的。浑身上下挂满名牌，却没有足够的气场来衬托，充其量就只能算是一棵挂满名牌的活动圣诞树。真正有品位的人，即使粗衣布裙也能自成一派天然气韵，搭配、底蕴、气度，才是最抢眼的LOGO。

有礼貌的女人都化妆

我就是化妆品达人。

——大 S

不化妆，不成礼

蒋勤勤复出了，成了电视剧版《建国大业》里的宋美龄。定妆照一出来，马上就有人说：这恐怕是史上最美的宋美龄了。

其实说起来，宋美龄这位当年的“亚洲第一夫人”，底子确实不差，就连罗斯福总统都曾为她的风采深深倾倒。蒋总统的“夫人外交”之所以能轰轰烈烈、卓有成效，靠的就是宋美龄的超然魅力。

宋美龄是出了名的注意仪表，会化妆、爱化妆，一生都离不了化妆。她自小接受了美国的教育，认为化妆对一个女人很重要，不化妆就见客会很不礼貌。而且，她还按照等级进行划分，来决定妆容。比如，如果见一些比较亲近的人，像是她的副官、陈诚夫人等，她就可以不化妆。如果是见蒋经国、蒋纬国或是孙辈，她一定会化妆，其他正式的场合更不必说了。有意思的是：据说她的亲密爱人蒋介石竟然都没见过她不化妆的样子。想必是爱之则忌讳之，时刻都想让对方见到自己最好看的一面吧！

在宋美龄的一生中，几乎每天都在化妆。即便是上了年纪，她大多时候还是会自己亲自化妆。但毕竟是岁数大了，眼神跟不上，手脚不灵活，难免就会出状况：眉毛不齐，口红涂坏了，粉底液也抹不均匀。假如她不是去见客，纯粹就是居家生活，就自己动手，不假手别人；假如她要出门或是参加重要会议、约会等，不等别人给她提建议，她就会主动问身边的人，化的妆有没有问题，别人提醒她之后，她马上补妆甚至重新再来一遍；只有到了国宴的时候，她才会找人专门为她化妆，保证以完美无缺的妆容出现在大家面前。化完妆之后，就开始梳她的包包头。包包头其实是假发，她每次都要将自己的头发盘起梳到脑后，然后再扣上包包头。每隔上一阵子，宋美龄就要叫人将它拿到圆山大饭店地下楼的女子发廊去清洗。

宋美龄偏爱甜食，却能将一口雪白牙齿保养得不出任何问题。早在几十年前，她就用电动牙刷刷牙。不仅如此，她的皮肤一直非常白皙，即使到了晚年，也没有老年人常见的色斑。

而且，宋美龄还非常注意服装、配饰的选择。

几乎所有人都知道宋美龄喜欢穿旗袍。在士林官邸，有不计其数的壁橱供宋美龄存放旗袍，并有固定的裁缝师傅为她亲自量身定做，宋庆龄就穿着这些旗袍去应酬，接见各种宾客。特别是出席有外国人参加的酒会、舞会时，她更会精心挑选适合该场合的旗袍款式。如果是非常重要的宾客，她还会穿上更加高级的旗袍。宋美龄非常珍惜她的旗袍。如果下雨，旗袍下摆若出现了泥渍，她一定换下来叫人马上清洁；如果天气炎热，只要旗袍上出现了汁渍也必须换下。但是，大部分的旗袍却没有机会见到天日。因为蒋夫人的爱好似乎更在于做旗袍、收集旗袍，她经常穿的也就是那么几件。

除了当年的国母，现如今娱乐圈的女星们对化妆的依赖也不遑多让。已经有 N 篇新闻报道过艺人们耍大牌不接受采访、签名的恶行，后来艺人们的解释常常千篇一律：当时没有化妆，所以不方便接受采访或者给粉丝签名。国内的这样，国外的也不例外。身陷“圈钱门”的韩国女星张娜拉就曾办过这样的事。

2005 年 1 月 6 日，张娜拉到南京准备当天江苏电视台的节目《有一说一》的专访。由于飞机延误，下午才到达。张娜拉平时出行身边都会跟着两个化妆师，一个专门负责发型，一个专门负责化妆。但这次只有负责化妆的化妆师陪伴，负责发型的化妆师因为大雾被困在了青岛。得知这一情况后，张娜拉取消了当天所有的活动安排。理由就是因为化妆师缺少一位，无法将她打造出最完美的形象示人，所以她没有心情做任何事。

还有一次，张娜拉在北京拍时装杂志广告时，有一位记者得知消息后赶到现场采访。当时张娜拉还没有化完妆，于是就把这位乘兴而来的记者拒之门外。理由跟上面那个类似：在韩国，女孩子不化妆是不会出门的。她们一般都会画好精致的妆容再和人见面，这是为了表示对对方的尊重。基于此，记者就吃了闭门羹。

张小姐的说法是不是真心的，确实不好说。因为没化妆，就推掉早就约好的工作，宁肯失信也不愿失礼？这个逻辑难道是韩国特产吗？但这个理由之所以一直被拿来用，是因为它确实好使。对我们来说，脸面就是饭碗，不化妆就等于在自毁形象。所以，我们一定要用最完美的形象示人。

化个妆，哪怕是淡妆，起码能让人精神一点。就算不期望转角遇上爱，也得随时注意给自己塑造一个好形象。这已经是现在的一种基本礼仪：见客户、见长辈、出席某些场合，都要化妆，否则会被斥为不礼貌。

让自己好看一点、更好看一点，这应该是每一个女孩子的使命。

豪门必修课之——形象值决定印象分

首先，素面朝天和不收拾是两个概念。

“素面朝天”的“天”本来指天子，最早见于《杨太真外传》，说的是杨贵妃的姐姐虢国夫人：“虢国不施脂粉，自炫美艳，常素面朝天。”

人家敢素面朝天，是因为“自炫美艳”。如果你也有这样的底气和自信，也不是不可以。但是你不要误会，虢国夫人所谓的不化妆，不是不收拾，只是说少了在脸上增光添彩的程序，展示天生丽质之美。但她如果真的邋里邋遢地见了天子，唐明皇还会跟她传出绯闻吗？审美观再特殊的皇帝，也是被好东西养大的主子，不可能欣赏难看的东西。

其次，化妆让人更精神、更有自信，甚至，它还能掩饰内心的伤痕。化好了，能给人留下一个好印象。尤其是参加重要场合或者第一次见面，化一个漂亮的妆能给你加分不少。不用美得天花乱坠，至少要让人觉得舒服。这是一种基本的礼貌。

化妆跟TOP有关

化妆必须遵循TOP原则，也就是化妆需要根据不同的时间（Time）、场合（Occasion）、地点（Place）做相应的协调。

帕丽斯·希尔顿这位希尔顿酒店帝国女继承人的百变造型是地球人都知道的事，每次出现都是艳惊四座。这位富家千金的装扮品味，从未逃脱过媒体的眼线，并被称之为“全球10位最会化妆的女明星”之一。

粉色加烟熏妆是她的最爱，有一次圣诞装束，她就采用了这个妆容，同时搭配了艳丽红唇和苹果肌，微笑间让她看上去不但不单调，反而亲切了不少。

有一天晚上，帕丽斯·希尔顿与男友道格·雷恩哈特牵手逛街时，妆容随意简洁，浅绿色超大耳钉、草绿色包包和深绿打底裙轻松展示了层次效果，搭配黑色墨镜、黑色檐帽、黑色皮夹克和朋克风格的镶钉靴，整体效果极酷又不沉重，休闲又活力，非常适合出街装扮。

还有一次，她在出席周仰杰For H&M系列在洛杉矶举办的Party时，一头黄发披散露出漂亮额头，立刻气势强了许多，小烟熏妆酷味十足，一身黑色低胸无袖裤装外加黑色细高跟鞋，彰显不凡气势，搭配的大盘钻石项链更增添了尊贵气息，一只小型红色手包打破了整体的黑色沉闷。出席此类重要 Party 不失为绝好的装扮。

学习了名人化妆技巧，来看看下面的故事。

小王二十六岁，在一家广告公司做公关已经快一年了，本来工作得得心应手，不过最近她所在的部门来了两个新同事，让她感到很有压力。两个女孩虽然刚刚大学毕业，没有工作经验，但都打扮得相当时尚。相比之下，自己一年四季直头发平底鞋的装扮就显得像个丑小鸭了。

小王决定改变自己，先是恶补了一通化妆知识，下班在家的时候勤加练习，终于有一天，她鼓起勇气化了妆去上班。果然，同事们对她的新形象都大加赞赏，说她化了妆更美了，像变了一个人，小王了听心里美滋滋的。正巧，下午老总给她们部门开会，老总会上有意无意地多看了她好几眼，这下她的心情更好了。可快下班时，主管叫她到办公室，交代了工作之后，对她说，会化妆、注意形象这本身很好，不过这种太粉红的眼影最好不要上班时间用，工作场合的妆容需要庄重。说完耸耸肩指了指小王在百货商场买的棉布裙子说："今年夏天有款香奈儿的白色裙子很适合你哦，你可以尝试一下。"

小王当时十分尴尬，不过回到家后学习了大量化妆技巧，平时和同事的聊天也增添了化妆常识话题。抽空还邀上朋友帮她挑些裙子、职业套装、高跟鞋、包等。好一顿"大出血"啊，花了她几个月的工资，不过得到了大家的赞许，她也值了。最主要的是主管慢

慢地开始给她增添工作任务，她也完成得都很顺利。主管称赞说："小王能力本来就不错，最近气质也越来越棒了，好多老板都向我问起你啊，我希望你能把交际能力发挥得更充分点。"不仅如此，主管还带她去见公司的重要客户，有一次是去见一位事业相当成功的女士，提前主管又嘱咐小王打扮得精致一点。

第二天一大早起来，小王就准备当天的妆容。既然是去见位女士，必定不能化得太隆重超过对方，也不能太随便。人家是成功人士，见的客人应该都是有一定品位的，再者，她是作为随同的身份去，当然风头也不能压过主管。并且约的地方是五星级大酒店，还是在白天，妆也不能化得太妖艳。想了半天，小王动手化起妆来，眉毛用眉粉笔轻轻扫过，唇彩选择了接近嘴唇的颜色，腮红轻轻一扫，只是眼睛化得极其小心，这次选的眼影用了雅致的淡紫色。摆弄了一下头发，决定不烫卷或者盘头，因为想到没准主管会这么打扮，还是直接将头发全束成马尾，但一定要均匀并且一丝不苟，发结也放弃了束带，直接用一缕头发缠住。接着又去衣橱里选衣服，挑了半天，还是决定穿那套灰色小西装，下面搭配一件白色及膝雪纺纱裙，登了一双黑色高跟凉鞋，最后再配上一条黑色小串珠项链，再束个简单别致的红色腰带，打破了整体灰色系的枯燥，又简单地美了美甲。最后搭配一款香奈儿黑色单肩皮包，这可是她下了血本买回来的，不是重要场合绝对不会用。小王对着镜子露出最近刚漂白过的牙齿，整体妆容自己还算满意，庄重又不沉闷，大方不失朝气。然后走出了家门。

去了之后，果然主管盘了个精致的发型，小王叹口气，幸亏自己放弃了这个打扮。套装！真没猜错，像主管这种微胖的体型穿职业西服套装还是比较好的选择，修身效果果然很好。主管看了看小王的打扮，“嗯”了一声说：“不错，不错，看着你真是让我想起了在国外读博的妹妹，她要是有你这么好的气质，早就找到好工作了，到现在还是酒瓶底那么厚的眼睛戴着。”不一会儿，那位传说中的成功女士来了。果真是女强人，一身低胸玫粉色裙子配上领部点缀亮片的白色小西装让她既妩媚又不失职场气质，鞋子也选用了白色，四十岁年龄的女士搭配这两种颜色是很难出效果的，装扮却在她身上简直没得挑。头发是一袭大波浪卷披肩，露出宽阔的额头，更显得潇洒大度。谈笑间更是优雅从容。三个女人坐在一起竟然聊到了美容话题，成功女士打量了下小王，赞叹不已，看了一眼她的背包，又将目光转到她的腰带上，连说漂亮精致。她得知小王还没男朋友，竟然要给小王说媒，对方是个年轻英俊的成功人士，在一家房地产公司做项目经理。小王连连道谢，只当成功女士是玩笑话。

没想到，过了一段时间，成功女士竟然真的帮小王和那位男士约了见面，更没想到的是，男士当时就被小王的谈吐、容貌和着装体现出来的品位和涵养吸引了，开始了对小王的追求。

豪门必修课之——和谐妆容、和谐心态

化妆的最大好处之一就是能去除女人的懒散和邋遢。一个不化妆的女人，出门前如果只是匆匆洗了下脸，无论她的工作多么出色，才华多么横溢，但整体会给人一种过于放松过于随意的感觉，总是

比那些化妆的女人少些精神。

如果是在平时，朋友们一起去旅游运动，可以选择随意些，甚至不化妆，但若是参加重要场合，化妆坚决不能大意，尽可能盛装出席吧。

第五章 给大家一个“看法”

说白了，每一个人都是活给别人看的——在别人的世界观和价值观里均衡自己的位置。不要说什么自我之类的场面话，所谓真实的自我，也不过是建立在大多数人认同的基础上的随机应变。人这一生，就是不停地跟别人作斗争、并且调整自我步伐的微循环过程。你以为你在随心所欲地张扬自我，而事实是——你只不过是在适应着别人的同时改变着自己。所以，真正的潜台词应该是：我们需要给别人一个“看法”。

“风景”不是为了人而存在的，但却是在被人看的过程中越来越美的。人也一样。别人看得愉快了，你的身份才会更高。别不服气，话糙理不糙，这是无数实践得出来的真知。

大气度就是大智慧

在你能力范围内，善意友善地对待别人。

——杨澜

施比受更有福

20世纪80年代，梅艳芳在香港赢得了与好莱坞的麦当娜同样的地位。

但是，虽然同为“大姐大”，两人走的路线却完全不一样：具有反叛精神的麦当娜是常常以性为号召力，教“坏”了一批年轻人；而梅艳芳则以口碑取胜，德艺双馨。

梅艳芳能够在演艺圈混到“大姐大”的地位，不仅仅是因为她贵为“舞台女王”，更多的是她做人有气度、有担当，重义气、讲感情，这让她在圈子里赢得了极高的评价。

梅艳芳给人的感觉很大气，具有一种安定人心的力量。这让她在圈子里积攒了很好的人脉，相知遍天下。就连成龙大哥那样铁骨铮铮的男人，每次有不开心时，都会首先想到去找阿梅倾诉。另外，张国荣、刘德华、杨紫琼、刘嘉玲、谭咏麟等都是她的好朋友。甚至可以这么说，梅艳芳的好人缘在香港娱乐圈里几乎是任何一个女艺人都无法比拟的。

阿梅的仗义疏财也是出了名的。她生前作为香港最有号召力的艺人，吸金能力自是不必说。据统计，在几十年的从艺生涯中，阿梅通过拍戏、唱歌、开演唱会、接广告等积累了丰厚的家底，累计可达2.4亿港币。有钱，不抠门，舍得给别人花，这是梅艳芳区别于别的女艺人的显著特点之一。她为人豪爽，出手大方，平时随她出入的友人所有费用几乎全由她负责；家里有人需要钱做生意，她一出手就是上百万；如果哪个朋友急需资金向他求助，她二话不说，立马送到，而且动辄就是几十万。挣得多，花得也多，再加上做生意投资失败，最后留下的遗产反倒不是特别多。

也许因为自小就知道人情冷暖，早熟懂事的梅艳芳非常注重友情，把每一个朋友都看得很重要。她说，好多朋友都是真正关心我、支持我，得到很多人的帮助是很难得的一件事，所以一旦朋友有困难，我也会全力帮忙。而且，梅艳芳还非常照顾、提携新人，许志安、谭耀文、何韵诗等都是在她的提拔下迅速走红的。直到现在，这些人提起阿梅都是感激万分。

在娱乐圈混，哪个人没被泼过脏水？哪怕是人缘超好的梅艳芳，也不能例外。而且，她比别人更“不堪”的出身决定了她要承受更多的质疑、嘲讽和打击。据说阿梅刚出道的那一年圣诞，有个男人在街上当众嘲笑她，说了很多污言秽语。一个年轻的姑娘，在大庭

广众之下被人羞辱，谁能忍受得了？梅艳芳都气哭了。可除此之外还能怎样？她是一个艺人，这是她必须要付出的代价。逃避、抱怨都没有用，只有习惯并适应才是这个圈子的规则。

谁都知道，其实阿梅心里一直很苦，可她却永远用自己最光彩、最灿烂的一面面对大家。实在不开心了，就叫上一帮朋友出去疯一下，喝酒跳舞狂欢，把闷气发泄出来之后，回到家关上门一个人收拾心情，第二天再用笑脸面对大家。这一点很难做到。她好像生下来就是一个领导者，要带给别人快乐和安全。

自从 2001 年 12 月 27 日正式出任香港演艺人协会第五届理事会会长之后，阿梅的侠义心肠有了更好的方式发挥。2003 年 5 月抗击非典的日子里，梅艳芳号召香港演艺人协会成员伸出援手，共同对抗 SARS 病毒的侵袭，并从演艺协会旗下的“爱心慈善基金”拨出 50 万港币捐给受 SARS 侵害的家庭。她的善举得到了很多人的支持，在阿梅的带领下，众艺人亲自上街义卖药厂特意推出的慈善包。据梅艳芳说，那次义卖筹到的善款达到了 60 万之多。同时，为抗击非典举行的公益音乐会也是由梅艳芳带领香港演艺人协会成功举办的，演出所得的全部收入献给了非典病人及其家属。即使是身患重病，梅艳芳也没有放下对公益事业的关注和付出爱心，当她得知沈阳市举行的“亚太残疾人十年”大型演唱会后，立刻认真地和组委会签约，表示自己将献唱，无奈当时病情极度恶化，只得派爱徒陈小春替自己去参加，来表达支持的心意。

2003 年 9 月，《非典人生》剧组从北京赶到上海影城做宣传，在杭州停留时娱乐圈的“活宝”曾志伟接受记者采访，谈起梅艳芳时正襟危坐，他感慨地说：娱乐圈人缘很重要，普通演员出名容易，但要成为巨星，人缘最重要。像阿梅这样的巨星，对所有人都付出真心，从来不会两副面孔。这个圈子需要互捧，假如遇到一个角色，如果你人缘好，自然会有人向导演推荐你拍戏；相反的话，人家会说，这个人麻烦得很。

可惜，好人常常不长命。曾温暖了无数人的阿梅却敌不过命运的捉弄，跟她的姐姐一样，也患上了宫颈癌。坚强的阿梅从未放弃过，一直努力地抗争治疗。她去世前的告别演唱会感动了无数人，那个穿着婚纱的消瘦身影，成了那一年最动人的画面之一。可纵是如此，阿梅最终还是败给了病魔。2003 年 12 月 30 日，是一个让无数歌迷、影迷心碎的日子。因为他们在那一天失去了他们的朋友、偶像梅艳芳！

阿梅的过世，让整个娱乐圈都蒙上了一层愁云惨雾。成龙大哥说那一年是香港演艺界最不幸的一年。叶童说，她是一个能演能唱的天才，人又很豪爽，她的过世让华人世界少了一颗巨星，让演艺圈黯淡了许多，她是我心目中的女中豪杰；刘德华说，阿梅是宁可天下人负她，她不能负天下人，对新人、对需要帮助的人，她会照顾得无微不至，如果有轮回，他还愿与她做朋友；晚会导演山奇说，梅艳芳为人大气、平和，人到了一定境界不能说没有霸气，但更多体现的是一种难以言喻的亲和力。

除了对朋友仗义，梅艳芳还是个孝顺的女儿。1990 年前后，梅艳芳买下了一份两千万港币的保险。2002 年，她自知将不久于人世，于是又购买了一千万港币的保险，以作为母亲日后的生活保障。

不能承欢膝下，至少可以让老人家在未来的生活里衣食无忧。可惜，梅艳芳的身后事却不似她生前那么光辉。因为对遗产的分配始终不满意，在梅艳芳去年后的七年里，她的母亲覃美金和胞兄梅启明一直在上诉，先后将梅艳芳的好友及多个遗产管理人告上法庭，认为他们是有预谋地夺取阿梅的财产，但该上诉一直被驳回。2010 年 7 月，梅妈妈再次上诉至终审庭，与梅艳芳遗产管理人争夺名下寿山村道及山村道物业业权，更指遗产管理人德勤关、黄陈方会计师行管理遗产时疏忽，向会计师行索偿 10 亿港元。香港高院在 2010 年 12 月 29 日裁定梅家母子败诉，更指他们证据不足，须支付诉讼费用。梅启明表示他们会继续上诉。梅妈妈表示多年来不停上诉，绝不是想要女儿的遗产，只为了争一口气，宁愿拿阿梅的遗产去做善事。

不知道天上的梅艳芳看到此情此景会作何感想。“钱”这个东西，总会让人变得丑陋。其实以阿梅的为人，赠送朋友物业、财产不是不可能的事。如果真的不在意钱，让死者安宁，才是生者最应该做的事。

梅艳芳的真诚曾经让很多朋友担心她会被人利用。不过她却从来都不担心。梅艳芳接受媒体采访时说：做人做事不必计较太多回报，就算被人利用也是因为我有用途，或者他们利用我去帮助他们，这没什么不好，其实“施”比“受”更有福，我的福气当然更多。

豪门必修课之——大气的女人更耐看

女人的美有很多种，各有各的优势。在这千姿百态的美态中，大气之美是男人和女人都无法拒绝的。

大气的女人之所以更耐看，是因为这份气度实在难得，因此更具有吸引力。于男人而言，大气是一种更亲近于自我本质的强大能量，以其大雅富丽之态让人念念不忘，更容易让他们心折；于女人而言，大气则是一种有距离感的生活素质，以其“贵”气逼人让人憧憬，更高雅、更经得起琢磨。正如阳春白雪再难懂也让人仰望一样，大气的女人的穿透力是任何时候都不能小觑的。

有大爱，才有大人生

德兰修女是全世界敬重的天主教慈善工作者，1979 年她被赋予诺贝尔和平奖，并被若望·保禄二世列入了天主教宣福名单。她的一生都在为穷人和缺少温暖的人服务，全身心地爱着身边每一个人。

她的慈善心和童年的家庭背景及教育有很大关系。她的原名是 Agnes Gonxha Bojaxhiu，是南斯拉夫塞尔维亚人，出生于印度阿尔巴尼亚，居住的镇上多为穆斯林和基督徒，她全家人是仅有少数的天主教徒。德兰修女 12 岁加入天主教的儿童慈善会，那个时候她就告诉自己将来的职责是帮助穷苦贫寒的人们。18 岁时，她开始在柏林及印度接受传教士的训练。1931 年，德兰正式成为修女。1937 年，更励志终身为修女，并依照法国 19 世纪最著名的修女 St. Theresa（圣女小德兰）正式改名为德兰修女。19 世纪 40 年代初，印度当时贫富差距非常大，加尔各答涌入了大量难民，满大街都是无助的麻

风病人、乞丐、流浪者，德兰修女的心备受折磨，为贫苦人民服务的心情愈加强烈，三番几次向她担任校长职务的中学请求辞职，1948 年终于得到宗教庇护十二世给予的以自由修女身份行善的许可，让她帮助贫苦人民，于是德兰修女马上成立了仁爱传教修女会，又称博济会。

她说，善良的最高原则是保持受施者的尊严。有一天，德兰在去巴丹医院的途中发现一位老妇人倒在车站附近的广场旁，像是死了一般。德兰急忙过去蹲下来仔细一看：老妇穿得破破烂烂，头上被老鼠咬了个洞，还有风干的血迹，爬满了蚂蚁和蛆。她赶紧为老妇人测量呼吸脉搏，确定她还有喘息，便亲自为她擦拭身体，为她赶走苍蝇、蚂蚁、蛆虫，擦净血迹。之后，她放弃去巴丹的计划将老妇人送到医院，经过一再恳求医师，才被得到治疗。德兰又去市公所保健科，申请一个让贫困病人修养的居所，难得那位所长是个热心人，当即将加尔各答的一所寺院的后院免费提供给她。自从找到这个落脚点，一天之内，修女们就将不下三十个最贫苦的人安顿进去。有位老人在搬来的当天晚上不幸离世，临走前，她颤抖拉着德兰的手说："我一辈子活的像条狗，不过我现在死得像个人，感谢你。"

德兰认为：爱无界限。她从不关心政治、经济、阶级，她只把目光集中在每一个人身上，不管对方是什么样的人，她都报以尊重的态度。她自己是天主教修女，但用尽一生帮助的人，绝大多数都是天主教之外的宗教信徒，或者没有任何宗教信仰的人。她爱穷人，同时尊重富人，富人有富的原因，而且她曾经看见很多富人慷慨地帮助穷人，她的修会里，有很多修女或修士出生于富家。并且，德兰修女的善心不仅仅用在生活困苦的人身上，她认为孤独寂寞还有被人抛弃同样也是一种饥饿，也应该得到温暖和关爱。

德兰修女的善行和她完全彻底舍己、全然付出的人生，可以说，就是医治病痛的良药。有很多义工也亲身经历并且证明了这一点。在仁爱传教会的服务中心，很多义工都是带着身体、心灵的疾病或贫穷而来，最后全都是带着一颗完全健康的心灵离开。这种变化，其实都源自于爱心，当每个人都在为他人奉献的时候，就是在爱自己。因为并不是得到的一方在接受爱，付出的一方也在被爱。所以说德兰是位伟大的医师，她治疗的不单单是人们的病体，更多的是他们的心灵，让他们能够找到自我，在现实残酷的社会活得有尊严。

1969 年，英国记者马科尔·蒙格瑞奇拍摄了纪录片《Something Beautiful for God》，片子展示了收容所和印度街头让人无法想象的困苦和无助，歌颂了德兰修女终身侍奉穷人的慈善精神，从此，德兰修女成了家喻户晓的名人，她的行为让太多的人感动。

德兰修女是这个世界上最富有的人，她争取到了很多公司巨子的捐款，有四亿美元之多，但她全部用来捐助印度的穷人。她曾经说，世界上有很多富有的人，但那是上帝的恩赐，如果有错就错在他们把钱据为己有。直到离世，她都没有任何私有财产，身上所有的财产仅仅是一袭印度最穷苦的人穿的纱丽、一张耶稣受难像、一双别人送的凉鞋。

德兰从不与人争辩，无论别人在背后还是面前多么指责她，她永远都付之一笑。她经常会遭到风言冷语，甚至遭到印度人投掷石

块，但她从来都是以宽容对待所有的人。她的身上，有忧伤，没有仇恨；有烦恼，没有怨言。她也会流泪，但从不发火，她从不会轻易去评价一个人，所有的人都对她肃然起敬。她到处施恩，是个伟大的母亲，同是也是个天真的孩子，她会和其他修女们一起开玩笑，有时也会开自己的玩笑，还会和她们一起赛跑。

1997 年 9 月，87 岁的德兰修女逝世，她留下了将近 4000 个修会的修女，十多万义工，还有在 123 个国家的 610 个慈善工作。虽然她没有任何爵位或官位，她也不是印度人，但印度政府为她举行了国葬。出殡那天，她身上盖的是印度国旗，遗体被 12 个印度人抬起时，在场的印度人包括印度总理统统下跪，她的遗体被抬过大街时，两边大楼里的印度人全部下楼，没有任何一个人敢站得比她高。她的坟墓上写的是“伟大的印度圣母德兰”。

豪门必修课之——善良的最高原则是保持受施者的尊严

我们总是说我们有爱，可我们有多宽的心去以恰当的方式真正地爱人，我们有几次真正注意到别人心中的感受。我们总是说我们需要理解，可很少站在别人的角度去理解别人。也许，你认为自己只要作为一个施舍者就是心中有爱。但请你施舍时也要面带微笑，就像是借钱给你的朋友，要在帮助他们的同时让他们感受到尊严。对于受施舍的人，必定处于劣势地位，施舍者一不小心就伤害到他们内心仅有的脆弱自尊。如果居高施恩，只会费力不讨好。以大度之心笑着给人以帮助，给对方以尊重，才被称作善举。

先高看自己，再被别人高看

即使有这么多人说我姐比较漂亮，我也完全不当回事，我是很诚心地投入在自己是美女的这个世界里。

——小 S

自恋是自信的表达方式之一

2010 年 4 月 18 日，第 29 届香港金像奖颁奖典礼隆重举行，叶璇凭借电影《意外》成功摘下了金像奖最佳女配角的桂冠。曾经一度以“新闻女王”和“花瓶”著称的叶璇斩获这一代表实力的大奖，让人不禁猜想：这是否是“意外”呢？在台上颁奖的那一刻，叶璇的得奖感言成了晚会上经典的一幕，她热泪盈眶，有感而发，说：“曾经有位导演很认真地说，不会有人来找我演女主角，一般人听了可能会觉得沮丧，我只当是激励，我不会介意演女配角，无论是配角还是主角，我都会用心去演，因为演戏对我来说，是一种喜悦。”

曾经，叶璇的绯闻可谓在香港娱乐圈冠绝一时，有人形容她是娱乐圈的“是非精”“消息女王”。有报道说，她曾经为接下百万酬劳广告全裸上镜，可惜现场和广告效果都没有做好保密措施，叶璇在大家眼里成了“一脱成名”的人物。在《情陷夜中杯》中，她扮演了一个风骚女人，让那些以剧中人物判定演员秉性的人对她更没了好感。据说离开 TVB 之后，叶璇自曝是百亿富豪郑裕彤的干女儿，另外传出她与奥运跳水冠军熊倪、田亮和演员陈浩民的绯闻。之后又有爆料叶璇被助手指控施虐，形象更是跌入谷底。2006 年，她在亚视拍电视剧时，被刀划了一条 12 厘米的伤口，有人怀疑她是“自插下体”来炒作。

太多的绯闻掩盖了叶璇的实力，她的聪明头脑和智慧再难让人关心。其实，她从小跟随父亲在美国发展，之后以全 A 的成绩考上奥尔布赖特、宋美龄等优秀女性都上过的威尔斯利女子大学，据说此学校每年只在全球招收 500 名学员。除了专业政治学，叶璇爱好佛学，擅长书法，还获得过有“小诺贝尔奖”之称的 ISEF 世界青年科学竞赛植物学一等奖。大学一年级时，在继母的鼓励和影响下，她参加了华裔小姐选美，并荣获冠军和“最具古典美态奖”。抱着这一堆头衔，叶璇才开始踏入娱乐圈。

一个演员的成名路，不外乎“七分努力、二分机遇、一分贵人提拔”，而叶璇演艺事业的成功，则是靠她九分努力和一分机遇。通过选美进入娱乐圈是个捷径，但选美也只是作为踏入娱乐圈门槛的第一步，想要有大作为，还要靠日积月累的刻苦和勤奋，光靠美貌是不足以成为一个合格的好演员的。每年世界各地不同的选美大赛造就了那么多的冠军、亚军，可能够在娱乐圈立足、有所作为的始终寥寥无几。加入 TVB 后，叶璇成功出演了《再生缘》《流金岁月》等高收视率剧集，一跃成为 TVB 当家花旦，从此才被人熟知。但她不甘只做电视剧女演员，如今早已经完成了向大银幕的华丽转身，不仅得到了杜琪峰、麦兆辉、庄文强等众多香港导演的认可，在电影中的出色表现，已经让她成为寰亚最耀眼的女明星之一。《大搜查》中，叶璇饰演的母亲角色，朴实无华，有爆发力，有担当，众人开始以正面态度重新审视曾经的“绯闻女王”。《火龙对决》里，她不但狠下心剪掉一头长发，还坚持不用替身亲自应对危险动作场面，导致受伤，导演林超贤被她的敬业和天赋折服，并表示，今后一定要把叶璇培养成香港新一代动作演员。叶璇曾经给人的“小女人”形象也转变成了“香港新一代动作女星”。而凭借《意外》夺得金像奖最佳女配角，可谓是实至名归，她的表演不仅给观众留下了深刻印象，也征服了两岸三地诸多影评人。某个香港资深影评人说，叶璇在《意外》中的表演着实令人“意外”，完全跳出了在 TVB 时代的表演风格，将《意外》中人物的复杂情绪和心理表现得淋漓尽致，特别是她与古天乐的对手戏，不单单成了片子的点睛之笔，她近乎完美的表演还抢了不少主演的风头。

叶璇一点点用演艺实力盖过“新闻女王”的称呼，当记者还是时不时翻出她以前的众多绯闻时，叶璇乐观表示：“别人怎么看我那是别人的事，我只在乎家人和朋友如何看我，对外人的话我从不理睬。”她从不关注娱乐新闻，在她眼里，不切实际的谣言她虽然控制不了，但即使她见报率再高，也只是宣传而已。叶璇还表示：

"我有我自己的生存方式，我的工作只是做好表演，我没有掩耳何来盗铃呢?"

叶璇能够坚持努力，靠的是自己的信心，无论负面评价再多，否认她的人再多，她永远高看自己，她用自己的路数来证明她不是靠脸吃饭、靠绯闻出名。能够有如此的姿态，可见"新闻女王"的称号不是浪得虚名，"香港金像奖最佳女配角"的荣誉也绝非她口中自谦的"意外夺得"。有人断定她的下一个目标一定是影后，她自己也承认确实有这个想法，叶璇若照着自己的想法追求下去，"最佳女主角"的获得还会很远很难吗？不过在叶璇眼中得奖并不是标志所有，能赢得口碑才是最重要的，"被高看"才是她的首要目标。

豪门必修课之——心有多大，舞台就有多大

没办法，在这里又借用了这句传颂甚广的经典名言。

想让自己变得更优秀，首先需要建立信心。不必在乎别人说什么，心有多大，路就能走多远。当有一天你用实力证明一切，流言飞语自然就会停止，相应转变的还有别人的态度。

无论你是名门望族出来的千金小姐还是工薪阶层家庭出来的普通姑娘，首先要先给自己一个高的定位，自己要有比别人更胜一筹的明智，认准自己选择的正确性，把自己的精神地位提高，这样才有可能出现想要的结果。

丑到极致也可以美不胜收

吕燕曾说，在国内，她从来没人追。因为她太“丑”。她睁不开的小眼睛、塌鼻子、大嘴、满脸雀斑、比一般女孩儿过高的一米七八的身材、没有很高的文化程度……如果这种模样的女孩能成为明星简直就是童话故事。而若干年后，这个丑女孩在众人的贬低之下，凭着高看自己的态度和努力追求真正创造了这部童话，她让自己身上这些看起来不够优势的条件，变成了一个中国乡村姑娘成为国际名模的全部本钱。你难以想象，她是《ELLE》《SPOON》等国际著名杂志的封面女郎，担任了诸多国际知名品牌的形象大使，成了福布斯中国名人100位排行榜单上的第77位名人。

吕燕出生在江西一个地图上都找不到的贫穷小矿区，上学时，同学中没人愿意和她并排在一起，她同样讨厌自己突出的身高，平时总是刻意毛着腰，时间久了有些驼背。女孩儿爱美的天性还是没被她的男孩子性格泯灭，为了矫正体型，18岁，吕燕离开了小矿区，到南昌边读书边参加形体训练。也正是这一年，培训班要选5个学生到北京参加模特选拔赛，年纪轻轻的吕燕当时并没有要成为名模的野心，纯粹为了凑数，老师因为她个头高的优势选她加入队伍去了北京。幸运的是，吕燕竟然在众多参赛者中脱颖而出，被选上了模特。

正是这次出乎意料的“被选择”，吕燕从此正式入行。朋友们说，像她这样不服输的个性，将来定是名模，如果能到国外发展，一定前途无量。听了朋友的鼓励和建议，吕燕开始了闯荡北京的日子。

为了能在北京待下去，她只能自食其力。当时很多圈内的人都说，她这个模样，怎么当模特啊，更别说出名了。几乎没有一个人对吕燕抱以肯定，不过这个天生乐观、热衷于挑战的女孩并没有被这种目光伤到，反而更加努力工作。她曾说："我从做模特开始就听惯了被人说'难看'，这种评价对于别人是打击，在我没有任何问题，我从来没觉得自己丑。每次走在 T 台上，我都是告诉自己我是最棒的，所有的人都在看我，我有那份自信。"

老天总是为有自信、有追求的人开路，一次偶然的机会，她认识了当时中国时尚界的顶尖造型师李东田和摄影师冯海。对潮流的敏感让这两位当即相中了吕燕，她就是能够最快最好传递东西方最新时尚消息的载体。李东海后来跟记者表示，吕燕的漂亮是那种国际化的、不同凡响的美丽，她身上的坚毅让人一看就知道是 super model。吕燕参加湖南电视台《背后的故事》栏目时说，当时李东海见到她激动得拉着她的手说："漂亮！漂亮！我从来没见过你这么漂亮的女人。我一定要把你推出来。"这是吕燕有史以来第一次被人夸漂亮。

于是，睁不开的单眼皮眼睛、高颧骨、短下巴、满脸雀斑的吕燕以一种个性面孔登上了各大时尚杂志，当然在圈内引起了极大争议和反响。一家杂志的老总看到了她的照片，马上让她来面试，吕燕应约来到新侨饭店，刚走到大厅，有两个法国人正在办理退房，恰巧看见了吕燕，赶忙拦住她问了一句：“你有没有心愿去法国?”当时什么都不懂的吕燕被这突然的问题问糊涂了。接着法国人雀跃地说：“你太漂亮了，就像个天仙，如果能去法国做模特，你一定能火，并且能赚很多很多钱。”吕燕简直不相信自己的耳朵，怎么会有这么好的事儿，自己能这么轻而易举就去法国吗？再想到曾经朋友的鼓励，年轻率真的吕燕马上答应说，好，好，我愿意去。30多分钟的聊天，之后3个月办理手续，吕燕去了法国。

东海和冯田给了她好机会，不过在巴黎能否有所成就只能靠她自己努力，她从没嫌弃过自己的出身，也不忌讳自己的丑。吕燕只身来到异国他乡，语言不通，不认识路，没有朋友，到商店买东西只买认识的速食，第一个月她吃掉了100多个鸡蛋，因为这是她最熟悉的食物。但她没有因为生活的压力而打退堂鼓，激情和活力打败了生活的枯燥和寂寞，那些从中国跑去看望她的朋友都对她羡慕不已，在她们眼里，吕燕的异乡生活有滋有味。那是因为，在她内心，一直有一种叫做“希望”的力量给予支持，巴黎必是她心中最适合她发展的城市。适应着异国生活，经过每天10个多小时的模特训练，吕燕在2000年巴黎的世界超模大赛中荣获了第二名的骄傲成绩，她创造了中国模特在世界级比赛中拿到最好成绩的奇迹。在国际大师眼里，吕燕的造型嶙峋、乡野、肆意、天然，没有经过任何修剪，直接而真实，慵懒而富贵。于是就有了新时尚。

一个默默无闻的“丑”模特就这么突然被法国人如获至宝地请走，原因却是她很“美”，并且取得了好成绩，赢得了国际时尚界的肯定。人们看不见她的努力，只说她是一时幸运。吕燕回复这些

质疑对媒体说："坚强和毅力让我硬是在一个陌生的地方待下去，把一切都挣出来。去巴黎的中国模特不光我一个，为什么很多比我漂亮得多的没多久就回去了，那是因为吃不了苦。确实是有伯乐发现了我，但在我的成功中，机遇只占百分之五十。"在2000年世界超模大赛期间，很多国际时尚杂志的摄影师建议选手们多拍些照片，11月要在凌晨四点多的北京天坛出外景，许多模特都拒绝了，只有吕燕去了。这种勤奋的工作态度让她赢得了良好的口碑和更多的机会。

如今的吕燕，早已经靠着自学攻克了语言关，巴黎、纽约都有她的住所，伦敦、中国香港、东京、米兰等时尚领地的名流聚会经常掠过她的身影。信心让她决定追求更远的目标，她说了要做全世界最棒的模特，并要向国际时装界进军，如果有可能，她的愿望是闯入好莱坞。无论别人对她怎样评价，她对自己有这份信心，并坚持追求，就能赢得世界对她的认可。

2005年11月7日，荆楚网消息称，内地名模吕燕已经打入好莱坞，成为首位拍摄好莱坞电影的中国模特儿。

豪门必修课之——以特色搏出位

人就像一盘菜，要有自己的特色，不咸、不辣、不酸、不香也不甜，哪有人会喜欢？周杰伦就是让你永远听不清，但是个性鲜明，众人喜欢，就是"抢手货"。

如果这里有一排漂亮的女人，想"出彩儿"的唯一的方法就是

“特色”。如果你本身不算漂亮，更要有自己的个性和特色，弥补自己长相上的不足。从性格上来说，如果你不够开朗活泼，那么就要足够认真或者足够坚强，至少要有一点与别人不同或比别人突出，人总是要有特点才容易被别人记住，而且，敢于坚持特色的女人永远比只是脸蛋漂亮的女人更有吸引力。

心玲珑，事八面

很多人说他们很想要变得像我在节目上一样，但我想说，真的万万不可。

——小 S

八面玲珑最牛气

中国有个成语，叫做“物以类聚”。大意就是说，差不多的、相似的人会凑到一起。

如果以这个逻辑来看的话，真性情的王菲和八面玲珑的刘嘉玲似乎“不应该”成为朋友。不像嘛！不是一种风格嘛！可奇怪的是，她们不但是好朋友，而且彼此间的友谊还很深，而且维持了许多年，看样子后半生还会是铁杆。

当然，这是两位“大姐大”的私事，我们作为观众，是不明白也无权质疑的。现在的焦点是刘嘉玲，她是怎样从一个内地转香港的“大陆妹”变成圈里的时尚达人、交际女王的。

刘嘉玲步入娱乐圈的这些年来，极少得奖，并无力作，但却能一直保持着高知名度和曝光率，不由让人感叹这位“江湖大姐”手段的厉害。

在圈内，刘嘉玲素以豪爽仗义著称，交际能力之强也是公认的，这让她在台湾和内地广结人脉，人气极佳。不但身边围绕着众多的朋友，更获得不少富商的青睐。她除了得到不少活动的代言机会，还得到高人指点从商、置业，成了圈里出名的富婆。

2008 年，刘嘉玲与梁朝伟这对爱情长跑近二十年的情侣终于走到了一起，在不丹举行了盛大的婚礼，当时的奢华和排场也一度让人津津乐道。

瞧瞧，这就是刘嘉玲，牛气。

有报道称，2010 年 12 月 7 日，刘嘉玲为自己办生日 Party，本来约定 120 人的规模，没想来了 180 多人，足以证明她的知名度和广泛的交际能力。招呼朋友忙不开，还有王菲、李亚鹏等好友帮她招呼。整个忙碌的宴会下来，刘嘉玲都忘了自己喝了多少酒，哪怕是一人一杯，也要有 180 杯吧。记者被她的豪气震到，她哈哈大笑说，人多聚会就是开心，开心就要多喝，自己都忘了有多少酒量了，不过现在已经很清醒了，其实第二天才是嘉玲的生日。

《让子弹飞》发布现场，姜文送给她一块匾“一代嘉玲”作为贺礼，连喝了三杯普洱茶解酒才略微精神的刘嘉玲大笑说，晚上接着喝！所有人都赞叹她的好人缘，刘嘉玲仍旧谦虚地说，并没有八面玲珑，每天都在自我检讨，努力学习，可能因为自己对吃亏无所

谓，脾气好，所以在朋友圈中混了个好人缘。

刘嘉玲从影这么多年，很少有力作，2006 年至今，也只拍过《好奇害死猫》《让子弹飞》《狄仁杰之通天帝国》等几部片子，不过她在内地广结人脉，打通关系，出席众多剪彩和动工活动，每次都轻松赚到至少 6 位数字。有富豪关照，除了赚钱容易，也帮助了她拓展财路，生意做得红红火火，2006 年，顺利在内地开设了第一间酒吧 MUSE，在上海开了两家夜店。经济危机时，很多明星的生意都受到了挫败，唯独刘嘉玲的生意一直很好，她还谦虚地说："不过是自己幸运罢了。"除了娱乐，她把业务拓展到饮食、服装和房地产行业，甚至投入股票市场，每每丰收，让她的身价暴涨。

刘嘉玲的豪爽性格和左右逢源的交际能力，令她在圈中的绯闻颇多，列数她的绯闻男友：台湾影星林俊贤、"神童"罗兆辉、香港富商许晋亨、金融"小开"李兆文、知名导演钮承泽、内地影星胡军、孙道存、台湾首富郭台铭等。但即便如此，梁朝伟却依然对她不离不弃，在最她需要的时候屡屡挺身而出，并且最终拉着刘嘉玲的手走进了婚姻礼堂。为什么？想必刘嘉玲身上有伟仔无法割舍的东西。有评论说，一个刘嘉玲成全了一个梁朝伟。曾经与伟仔传过绯闻的曾华倩也发自内心对刘嘉玲感慨："梁朝伟能找到你，是他的福气。"

在公众面前，刘嘉玲总是作为忠实观众支持梁朝伟的事业。她说梁朝伟在中国电影圈里，称得上是相当优秀的男演员，《无间道》里他光是一个眼神就足够得到大奖，其实他还可以演得更好。私下里，刘嘉玲又以知心好友的身份和梁朝伟讨论演艺。“影帝”身边的声音都是表扬，难免陷入迷茫，唯独是她，总是会挑剔他演技的毛病。生活中梁朝伟朋友少，刘嘉玲朋友多，她常常带一帮人聚会，让忧郁的梁韩伟开朗了许多。

如果不是刘嘉玲，恐怕梁朝伟现在的生活还停留在胡瓜曾唱梁朝伟“一天一个女人”的生活里。2002年，他被传出和嘉禾旗下的女明星安雅的绯闻，对此，刘嘉玲并不慌张，反而淡然地说：“只要他能开心，他跟谁同时拍拖我都可以批准，一个没有女人喜欢的男人我怎么会爱？”早前，就有香港记者在梁朝伟和刘嘉玲的结婚纪念日上，拿着刘嘉玲和某男富豪友人的照片气伟仔，刘嘉玲却笑说：“他可不容易被气到，梁朝伟就是有女人缘，女粉丝们和女记者们喜欢他都是再正常不过，假如我是男人，也会羡慕他。”

2000年戛纳电影节上，梁朝伟一手牵着刘嘉玲，一手牵着张曼玉，居然都是十指相扣，而刘嘉玲却是淡定得不能再淡定。关于这三个人的故事，已经传了很久很久。可直到现在，梁朝伟身边只有一个她，她是梁太太，万人迷的老婆，没有任何一个女人能敌过她。

没有一个女人眼里能揉沙子。对于这段扑朔迷离的三角恋爱、情感纠葛，说刘嘉玲一点芥蒂都没有，谁也不会相信。但刘嘉玲聪明就聪明在这里，既然已经赢了与“情敌”之间的战争，就做出一副轻松大度的样子给外人看，实属明智之举。在威尼斯电影节上，张曼玉曾经在记者面前说会去捧场《狄仁杰之通天帝国》，梁、刘、张的故事重新被搬上了台面。刘嘉玲轻描淡写地说：“事情传了这

么久，其实不过是个美丽的误会而已。我不知道在传言中我扮演了什么样的角色，但我只确定我是梁朝伟的妻子。对于传言，我不生气也不必澄清。我们三人都是有智慧的大人了。”并且自信表示：自己和梁朝伟不会因此出现任何感情不和的问题，他们多年来经风沐雨的感情经得起任何考验。另外，她还一直夸赞张曼玉很好、很漂亮，很有胜利者的风度。

刘嘉玲和婆婆的关系处理得也算不错。刘嘉玲知道各种各样的绯闻藏也藏不住，婆婆是老人家，看到这些东西肯定会不高兴。她自己说“也许我不是她心中好儿媳的样子，我性格独立，不易被驯服，又没那么温柔”，不过既然想和伟仔在一起，还是要跟婆婆和平相处，尽量搞好关系。为人处世八面玲珑的她深谙世道，能搞得定那么多形形色色的大佬、富豪，当然也有办法讨得婆婆欢心。有一年梁母过生日，刘嘉玲斥资近十万元在香港跑马地的一间名人餐厅包场庆祝，甚至不介意请来了婆婆本来中意的梁朝伟前女友曾华倩。正式过门之后，也和婆婆相敬如宾。心里怎么想不好说，但至少在面子上刘嘉玲是做得比较到位的。

万人迷梁朝伟为什么对刘嘉玲不离不弃？因为她是梁朝伟唯一的“保暖杯”，是他心中“最迁就他的人”，也是他“今生最大的惊喜”。你也不难想象，刘嘉玲为什么能在没有太多作品的情况下却一直保持着高知名度。

豪门必修课之——长袖善舞的女人更抢手

中国人舞得一副好水袖。其行云流水、婉转动人之处，让外国人惊艳不已：这是怎么做到的？不过是一只长长的袖子，是借助了什么样的力量居然能舞得如此美妙无双？

这是艺术，也是技术，由此又延伸出来一些关于做人处事的艺术。

韩非子说：“长袖善舞，多钱善贾。”原意是衣袖长的人善于跳舞，有钱的人会做买卖。后就引申为会要手腕的人，善于钻营，会走门路。在现在这个社会，这些“歪门邪道”是很受欢迎的。朋友多了路好走，把那条水袖要好了，得益的是自己。有人脉，就有能力，这是每个时代都很强悍的“怪现状”。你有权利鄙弃，却也不得不遵守。

会做“两面派”才幸福

豪门是讲面子的地方，面儿好看了，里儿才结实。所以，要当豪门媳妇不容易，有些时候，你必须打碎牙齿往肚里咽，心里苦，脸上还得笑得灿烂。人前一套背后一套是必备的处事方式。

别看小S在节目中天马行空，什么都敢说敢做，但这只是在节目中。台下的小S可不是这样。她多年的老搭档、生活中的好朋友

蔡康永说，在台下，小S其实很胆小、很传统，她很明白自己真正想要的是什么，很认真地对待自己的人生。曹可凡也透露，小S表面嚣张，肆无忌惮，其实她比任何人都有分寸。实际上，小S真的是将人生和戏理智分开处理的人，恶搞、扮丑、疯狂麻辣、怪女生，并不是真实的小S。

当她如愿以偿拿到台湾主持人最高奖金钟奖时，这个看似无厘头的女人，却颠覆了她以往“不正经”的形象，结婚了，生孩子了，还一连生了两个。实话说，女人能有一份事业实在不易，当事业正值巅峰时刻，她却一头栽进了婚姻里，这让许多人瞠目结舌。而且，她当时还很年轻，并没有到“恨嫁”的年龄。小S却很认真地说：“爱情对我很重要，家庭幸福对我很重要，我知道自己要什么。”这就是小S，无厘头的语言是她在节目里的爆点，但是对于自己的人生，她把握得很准确。

大部分人都不看好小S的豪门婚姻。据说姐姐大S还半开玩笑说：“豪门可不是你想象中那么好嫁的，小心哭到不行哦。”事实证明：小S现在已经是两个女儿的合格母亲、许雅钧心中的好妻子、婆婆宠爱的儿媳、姐姐心中的完美女性了。

据台湾媒体报道：2009年，在某网站发起的“哪位女艺人的豪门恋最幸福”选票活动中，小S以10739票领先亚军7000票的优势获得冠军。徐妈妈曾解释小S能掌握幸福婚姻的秘诀：小S主持节目有自己的风格，回到家后就是以家庭为重心。比如家庭聚会她总会早早规划，让全家人开心。

和大家所说的一样，小S有自知之明，很多人都羡慕她在节目中的天马行空，但她却奉告大家：有人想变成她在节目中那样，实在万万不可。她自己说：在节目中她是小S，在生活中她是徐熙娣，节目中再劲爆火辣也只是为了节目效果，生活中当然不能这样，她可是个非常体贴人的“小女人”。

首先，小S轻松过了家庭里最难过的“婆婆关”。在一集《康熙来了》中，蔡康永问送什么礼物更能讨得婆婆欢心。小S给出答案说：送婆婆皮包最合适，因为这样婆婆就会带出门跟人讲，这是我媳妇送的，不但贴心又有面子。小S在这方面是很有心得的，也做得很到位。逢年过节，她都会送婆婆礼物，有一次还送了一只价值几万元的皮包，婆婆高兴得合不拢嘴。在家里，小S也经常把婆婆挂在嘴边，在节目中也时不时提到她。其实讨长辈欢心没那么困难。一个在外面没心没肺、横行无忌的媳妇，对婆婆却低眉顺眼、恭顺有加，完全就像变了一个人，婆婆能不高兴吗？

另外，在家里吃完晚餐后，长辈没别的要求，就是希望孩子有空能陪他们聊聊天。小S很看重这些细节，经常饭后坐下来陪婆婆看电视，偶尔也会聊些八卦新闻，对某某明星们评头论足。这时候，她和婆婆成了朋友，两人之间有了共同的谈笑话题。她不是主持界一呼百应的当红女主持，而只是一个体贴、孝敬、想讨婆婆欢心的儿媳妇。女人是生活在细节里的，尤其是女性的长辈，对儿女们的这种小细节上的关爱格外敏感。她们会在这些小事中放下芥蒂、架子，而关系也就自然而然地拉近了。光看《康熙来了》，你能想到

小S在家里会是这个样子吗？可这个“两面派”谁会不喜欢呢？

老人抱孙心切，在这点上，全世界的父母都不例外。可在娱乐圈混，要身材、要模样、要青春，为了照顾到“饭碗”，很多女星都迟迟不肯生孩子，以至于娱乐圈成了高龄产妇的高发区域。可也在吃这碗饭的小S却坦言很高兴做“生孩子机器”，因为家庭在她人生中占据第一位。而且，她从来不讳言自己想要个儿子。结婚几年来，连续生了两个女儿后，小S还在积极准备着生一个儿子。

给面子、体贴、嘴甜，这样一个儿媳妇，当婆婆的起码挑不出毛病来。她在节目上“无厘头、八卦、扮丑”，不顾形象，只是工作需要，并不影响她在家庭中扮演的角色。公婆不但不在意自己的儿媳妇在外边抛头露面，反而说女人有自己的事业挺好。婆婆固然开明，但首先媳妇也要自己做到位，所谓两好处一好，就是这个道理。

对丈夫就更不必说了。小S向来不吝惜对老公的夸赞，人前人后给足面子。无论走到哪里，小S都要把老公挂在嘴边“我永远都看不够他”“他让我对爱情和婚姻有了信心”。网上曾曝出了一张小S和许雅钧外出购物时的照片。一身休闲打扮的她静静地靠在在前面付款的许雅钧的肩膀上，没有刻意地“秀”，却很温馨、很平静，如同一只攀附在藤上的菟丝花。照片出来后，不少人直呼感动。在小S众多的幸福照中，唯有这张最动人。去掉了所有浮华和修饰，她只是一个依赖老公的女子，而他，则只是一个让她放心依赖和爱的男人。

有人调侃她：“难道你们不吵架？”小S认真回答：“我们从来不吵架、不斗嘴，更别说离婚，如果有快要吵架的苗头，我会主动闭嘴不讲话，避免发生不愉快。”平时，小S都很听许雅钧的话，无论大事小情，都会听从老公的意见。比如，家里装修时，她说：“有厉害的老公在，装修方面我不需要给意见了。”小S认为为自己爱的人迁就一下，并不算失去自我，相反，那正是真正的自己。她有自己的一套太太哲学：女人要会察言观色，该霸道时霸道，该道歉时道歉，该撒娇时撒娇，不用刻意展示性感，其实自然就是最性感的。在她的Mike面前，她不是主持界的天后，不是把嘉宾们“逼”得无路可退的麻辣女主持，她只是一个女人、一个妻子，而这又何尝不是一箭双雕之举呢？老公喜欢，婆婆自然更开心：儿子幸福，就是母亲的福祉啊！

然而小S的婚姻并非一帆风顺，不时有各种绯闻传出：许雅钧泡夜店跟辣妹亲密互动、“家暴”事件、全家福被批作秀、夫妻恩爱合影被指装腔作势……每次新闻出来，小S都会高调地为老公辟谣。不管事实怎样，一直生活在舆论风口浪尖上的小S和许雅钧，还在过着他们的幸福生活。

对于这种状态，我们唯一能做的似乎就是祝福。而在此之外，我们也要承认：小S能把婚姻经营成这样，跟她的“两面派”是分不开的。人前一套、人后一套，有什么不对？你可以把这理解为距离，也可以认为是掩饰，它有利无害却是事实。豪门是个多讲面子的地方，从这一点上说，“攘外必先安内”是行得通的。

豪门必修课之——会“骗人”的女人才是好女人

这个世界上，有哪个人没撒过谎、行过骗？哪怕是善意的、违心的，都改变不了骗人的事实。千万别觉得骗人不好，真正不好的是真相。

“骗人”这种行为为什么会发生？有不可告人之事，才会有不可告人之举。在真相有点“硌硬”的时候，善意的谎言和行为是值得嘉许的。就像出门在外的游子报喜不报忧一样，隐瞒是为了让家人安心。你的真性情、你现实生活中的习惯、你心里最隐私的想法，或许是不能为你亲近的人所接受的。你无法改变、他无法强求，折中的方案就是适当地“骗人”。让对方相信你营造出来的感觉，并且享受那种状态，其实是功德无量的。皆大欢喜，有什么不好？

我就是豪门

我就是豪门。

——范冰冰

想得开，才能玩得转

说了这么多，正主儿终于出现了。

范冰冰一步步走到今天，早就过了“闹了什么绯闻”的阶段，而是进入了“又闹了什么大绯闻”的时期。笑傲各种绯闻，浑然不把俗世的看法放在心上。爱谁谁，爱说什么说什么。此等境界，岂是轻易能修炼成的?

范爷干的牛事数不胜数，比如“20 万包机领奖”。不为别的，就为了兑现一个承诺。瞅瞅，知道人家为什么被尊称为“范爷”了吧？在娱乐圈，比范冰冰有钱的腕多的是，可能像她这样把事办到这般水平的，却委实不多：咱玩的不是钱，是霸气!

在范爷还只是“金锁”的时候，娱乐圈是“小燕子”的天下，大家把掌声和欢呼都给了那个大眼睛的美女。而彼时的范爷，却需要穿过一道道的人墙才能走入人们的视线。可就在所有人都没意识到的时候，范爷已经借力打力，实现了完美的三级跳，摇身一变成了范老板。她坐别人的大腿，她被某人包养，她跟记者对拍并且怒而踹之，她是出了名的“戏霸”，她成了“西影”的范团长，她争“一姐”不成自己做工作室当老板，她跟女导演玩舌吻，她大摇大摆地穿着龙袍亮相……

绯闻满天飞，观众们的焦点被模糊了：这看的是哪一出？“话题”成这样，图个啥呢？

您还别不服气。“话题女王”也是“女王”，享受的也是“皇家”待遇，在什么圈子里混，就得玩转什么圈子的游戏规则，想得开，才能玩得转，这是比铁还铁的真理。某次接受采访时她说：“我不会专门去看负面新闻，通常都是我的经纪人、助理告诉我。对于负面新闻我一直看得很开，不看！不想！不问！演员作为公众人物，必须要有心理承受能力。”所以，最无辜的不是观众，是范爷，她只不过想要在这个圈子里混到极致。

天使固然纯洁，却不一定值得人崇拜。而这正是世人的纠结之处：向往峰顶的绝美风光，可想要不沾染一丝尘埃地爬上去又几乎是不可能的。似乎在借用一些违背传统价值观的“歪门邪道”时，才格外有效果。一直当模范好公民，人生会很没有意思的。乖宝宝让人怜惜，也让人欺负。这就是天使只能在天上混的根本原因。她们不服的不是人间的水土，而是人间的“不干净”。

请注意：我从来没有误导大家，也没有引导女同胞做坏事。只不过，我们应该明白一个道理：在你把“真理”践行至四海皆准之前，你首先要服从的是大众认可的游戏规则。也就是说，在值得倡导的光明正大之外，还有一些不怎么值得倡导的东西要遵守。比如，“心机”“不要脸”。

看不懂、不愿意认清现实的人不一定过得不好，但大多混不到范爷的层次。坦白说，范冰冰不一定是个非常优秀的演员，尽管她已经是“影后”了。但我们必须要承认：她已经成了一个符号——不惜一切代价往上爬，从容蹚过别人的口水，活出自己的风格。不好意思，她不是这个圈子里的异类，而是明白人、行动家。说句不中听的：范爷的诸多绯闻不一定是真的，但她胜在从不委屈地标榜自己清白。反倒是那些做过不清白之事的人，常常瞪着无辜的大眼，声泪俱下地讨伐别人对她的诬蔑。中国人的习惯是笑贫不笑娼。所以，当了婊子并不可耻，可耻的是当了之后又天天喊着自己贞洁无双。这才是真正的丑态。

范爷的聪明之处就在于接受并乐在其中。据内部消息称，范爷曾经给自己的宣传团队明确规定过每周上几次头条、必须保证多少的新闻量等，好的坏的不拘，只要保持足够的曝光率就可以。照这个标准看来，范爷确实有一个非常优秀的宣传团队。而范爷也常常在媒体面前说，她能有今天要感谢她背后的团队，因为有了同事们在幕后的付出和努力，才有了她在台前的风光。话是实话，事是真事，真假之间，是范冰冰对这个圈子的高悟性。

而且，越混越有感觉的范爷，也彻底脱离了“金锁”的听话乖巧，惊人之举常做、惊人之语常说，于是，口水战常有、无端的争

议常出现。也许正因为如此，范爷才常常成了舆论的牺牲品。

在接受某周报专访时，不知道是“小三”的话题太火，还是范爷的长相跟“小三”之间的联想度太高，记者居然问了范爷一个问题：“你会甘愿为一个男人去做小三吗？”范冰冰的回答是：“我觉得不是所有的女孩子都能接受这样的情感，但是能接受的女孩子是挺了不起、挺伟大的，可想而知她为了情感，或者是为了喜欢的人付出的代价有多大。但这个对于我自己来说很困难。”

虽然她在后面也强调对她来说“很困难”，但这番言论还是不可避免地引起了大家的口诛笔伐：真是什么人说什么话啊！要不然为什么跳出来给“小三”说好话？万一真让那些“挺了不起、挺伟大”的女人们当了道，这个社会还怎么和谐？

有个叫“绿丝带”的网友说：“因为自己的自私，破坏别人家庭，这个叫伟大？这个叫了不起？恕我在这里狠狠鄙视一下范小姐。喜欢一个人，当然要付出代价，而且我也认为肯为自己的感情付出代价的女孩很值得佩服。但要有个前提，是必须建立在正确的道德观念下的。换个位置想想，将来范小姐有了家庭，结果被小三搅黄了，我就不信那个时候，范小姐还会觉得小三伟大！”

另有网友在自己的博客中毫不客气地说：“我不否认确有因情所困而心甘情愿当小三的，但也有很多是被权被钱诱惑而当小三的。不管出于情或权钱或兼而有之当小三，都有悖于法有悖于社会道德，为社会不容，赞女孩当小三了不起、伟大有失你的道德情操。范冰冰自己可以不当小三，却鼓励别人当小三，不厚道不道德。出此言，虽能讨好演艺界许多为当小三而发狂或已成小三而得意的艺人，却会失去更多粉丝更多民众的支持。”

……

民众的观点很通俗：真是站着说话不腰疼！您没被小三摧残过不知道个中的滋味是吧？您真觉得“伟大”“了不起”，为什么还要声称对自己来说很困难？干脆去做个“伟大的、了不起的”女人吧！

后来范冰冰工作室的工作人员回应说：这是媒体在断章取义，范冰冰从来没说过这样的话，她当时的意思是“每个人都要对自己的情感负责”。

真是公说公有理、婆说婆有理。我们暂且抛开这句话不谈，其实，对于这个刁钻的问题而言，只要回答者是范冰冰，就无论如何都会闹出大风波。为什么？很简单！范冰冰本身就是个大话题，不管什么事，只要跟她扯上关系，就必然会闹点新闻出来。我们可以试想一下，如果当时她痛骂“小三”不道德，会不会有人跳出来说她指桑骂槐地针对那些当“小三”上位的女同行？

怎么说都不对，怎么做都有话柄，是如范爷一般的新闻人物的共有特点。但反过来看，也不由要感慨范爷的话题性之大。黑猫白猫，抓住老鼠就是好猫。身为一个娱乐人物，就得有娱乐大众的能耐，如此才有职业精神。

这件事还没掰扯清楚，另一个大消息就火辣辣地出炉了！

《赵氏孤儿》上映期间，居然传出了一个让人哭笑不得的大新闻：范冰冰原来是王学圻的“小三”，两人已经同居2年了，据说王学圻与前妻离婚也和范冰冰有关。

证据呢？您忘了，娱乐圈是不讲究证据的，靠的就是捕风捉影。再者说了，这也确实像是范爷干的事啊！人家不是说了吗？当小三很伟大！

范爷早已经麻木了。比这更恶毒的都传过，还会在乎这个？可这事毕竟牵扯到别人，不是她不在乎就可以了结的。因此，范冰冰工作室声称："该匿名帖纯属诽谤，我们必将用法律手段追查到底。"而王学圻本人也非常生气。对于自己一把年纪了，却被娱乐到这种地步非常愤怒，说自己虽然年纪大了，但不能这么被糟蹋，不排除用法律手段解决的可能性。

这段相差三十多岁的"忘年恋"又引发了网友的热议。有人说不可能，有人说一切皆有可能，有人则认为这只是炒作。几个月过去了，事情已经没了下文，是不是炒作不好说，但这恋情的真假已经一目了然了。范冰冰除了为糟蹋她的"同事、师长、父亲"不平之外，根本懒得为自己辩解：算了，干了这一行，就得随时做好被泼脏水的准备。有人愿意泼，就说明有人愿意看，说明有一定的号召力，太较真了也没意义，"乱箭穿心，习惯就好"，"有什么冲我来"，比爷们还爷们。

这么想，心里就舒服多了。说是阿Q也好、不要脸也罢，起码不会因此而纠结郁闷，进而让自己脱不开身。行差步错、被人打压、遭受不明态度的侮辱，这是难免的事。凡事都往心里去，累不死也气死了。有时间一一为自己讨回公道，还不如去做点实事，趁着大家的目光还在自己身上，干几票漂亮的。

用绯闻上位，谈不上对还是不对，"上位"才是关键词。

豪门必修课之——有的时候，就得"不要脸"

对不起，这说法有点偏离父母和老师的教诲。但事实就是如此，不服不行。

人这一辈子，谁都不可能与别人的口水绝缘，只是轻重程度有所不同而已。"走自己的路，让别人去说吧"，是一种文雅的说法。翻译成大白话，其实就是不要脸：不管别人说什么，都别往心里去。不就是怂恿你别顾忌脸面吗？

要脸，就会多出许多无谓的坚持，会错失许多机会和好心情；不要脸，则更像是一种轻装上阵的态度——没负担，才好打仗嘛！所以说，遭遇诽谤的时候，与其去堵别人的嘴，不如做好自己的事。混个名声好固然是美事一桩，但如果混不上，就没必要执著了。放开，空间才更大。

当然了，要不要脸，关键还是要符合你自己的价值观。做"范爷"挺好，图个清白也不错，说白了，只是你想要什么而已。

打不垮的是"劳模"

娱乐圈的"劳模"都混成了大拿：刘天王、范爷……想要走到哪里都享受排场，就得先具备控场的能力。而这种能力又非一朝一夕可以养成的，所以，辛苦点、用功点、努力点，总没错。

而这，就是范爷跟其他的“话题女王”不一样的地方。为什么“范爷 V5（威武）”？人家靠的是努力！

拍完《东风雨》做宣传的时候，范冰冰曾对记者说：“‘话题女王’这个帽子应该从我的头上拿下来转移到别人的头上去了吧。首先，在这几年的工作中，我确实一直都在认真做自己喜欢做的事情，工作都是很尽力地在做。我不是玩票性质的，也不是一个偷懒的人，不管怎么样，大家还是应该颁一个勤劳的奖给我。”

说起这些年来的甘苦，范冰冰也不是不感慨：“在《还珠格格》之后，我演过很多烂戏。但是我很清楚，那也是积累演技的一种方式。如果没有那段时间拼命拍戏的积累，也不会有现在的我。我不是名校出身，也没有什么可供炫耀的名门背景，但是我的坚韧和诚恳从没改变，我这 12 年都是靠努力打拼过来的。”

范冰冰精力旺盛是出了名的。有媒体曾经曝光过一份范冰冰的行程表，真是让人瞠目结舌：她不是在飞机上，就是赶往机场的路上，下了飞机之后又马不停蹄地赶去拍戏、做宣传。而且，如此密集的行程安排还不是偶尔为之，是经常、大部分时间都这样。可她每次出现在公众面前都是一副神采奕奕的样子，不见疲态。范冰冰工作室的宣传总监曾说过，范老板每天只睡三四个小时，全年无休，“我们都休息了，她还在工作”。

因为时间排得太紧，又要经常外出赶通告，范冰冰都没有时间化妆。据范冰冰的御用化妆师曝料，范爷大部分的妆都是在车上化的：“她有一个习惯，穿着睡袍，头发散着就飘过来了，司机边开我们就边化，每次有红绿灯的时候，我们就粘假睫毛，再一个红绿灯，就来画眼线，如果没遇到红绿灯，就会告诉司机以最缓慢的速度开车，我要开始画眼线了，反正那些特别难做的东西都要等到塞车或者红绿灯的时候做。"

没时间、忙，到了范爷这里不是场面话，是事实。她的助理也说："她就不是人，至少不是正常人。十年来都是以这样的频率在工作，她却每天都高兴地去面对这一切。"坚持一个月不稀奇，坚持一年算是有点毅力，但能坚持十几年，就真是不简单了。一个年轻漂亮的女孩子，不去恋爱、不去旅游、不去享受生活，却把大部分的时间用来工作，甚至累得都有了白头发，辛苦成这样，至少是值得人心疼的吧？而以美貌名闻天下的范冰冰，似乎不努力也会过得很好。可她怪就怪在这里："我不需要嫁豪门，我就是豪门！"

《胭脂雪》的男主角于小伟如此评价戏里的妻子范冰冰："说她是劳模一点都不夸张，她是那种对工作不会将就的人，对细节也很看重。有时候我在想，她怎么就不知疲倦呢？换成是男的也拼不过她，男人也很难有她那样的精力。"娇滴滴的大美女比大老爷们还拼命，所以才会有不一般的成就。

只有比"正常人"努力，才能成为"人上人"，这个道理老师、家长都教过。只不过，真正贯彻实施的人很少。尤其是一些有青春、有姿色的美女，对于通过个人的奋斗起家不感兴趣，总觉得一步到位才是真本事。有的人也的确真做到了，更刺激了更多人不切实际的想象。可是，每个人都这样干的话，到最后要从哪里"获取"？伸手跟上帝要吗？

美的必须要当花瓶的范冰冰，就是想明白了这个理，才兢兢业业、勤勤恳恳地走到了今天。话题最多、最妩媚，再加上最努力，终成了最干练豪气的范老板。

再漂亮的脸，也有迟暮的时候；再青春的容颜，也有看厌倦的一天。纵是美艳如陈圆圆，有能耐让吴三桂怒发冲冠，却没本事让他长保宠爱。以色侍人，总不是长久之计。识相的，就借着东风狠狠地辛苦上几年。老人们不是说了吗？年轻吃苦不叫吃苦，老来受罪才是真的受罪。我们不主张拿健康换钱，但倡导拿努力挣命。等到红颜凋谢的时候，至少可以安享从前的奋斗成果，让自己安身立命。

而范爷就用一系列彪悍的事实证明了这个真理。所以，尽管明星开工作室蔚然成风，一抓一大把，但最成功的却是范爷。不仅在于精明的头脑、强大的人脉，也在于那份“拼命三娘”般的气势。

可遇而不可求的是天才，打不垮的却是劳模。把别人休息、吃喝玩乐、发呆、抱怨空虚无聊的时间用来工作，先不说是不是令人肃然起敬，就是这份水滴石穿的渗透力也够震撼人的。但凡能自己奋斗成豪门的人，除了胆大心细、肯吃苦耐劳之外，大多还比别人豁得出去：还不够好、还不够努力、还可以更进一步，你可以说是贪心，也可以说是不知足，但它确实是豪门钟爱的敲门砖。

糟蹋自己不要紧，要紧的是别被别人糟蹋。肯逼自己的人，都是瞧得起自己的强人。棍棒底下不一定出得了孝子，但高压、高标准之下却肯定能出高人。在这个前提下，豪门是不是传说，就是你说了算了。

豪门必修课之——最保险的是勤恳

20世纪，我们曾激情四溢地喊过一个口号：勤劳致富。

中国的妇女，也曾被一代又一代地要求过“勤俭持家”。

还有一个成语，叫做“勤能补拙”。

“勤”为什么能作为一个重要的关键词屡次出现呢？

原因就是它实在是太靠谱了！

不能生而富贵，就得后天勤恳。这是上天赐予人类的最后一道保险：不管你是天才还是笨蛋，只要勤恳努力，就总不会过惨了。天才的仲永长大后“泯然于众人矣”，从小就比别人笨的爱迪生却成了造福全人类的大发明家。这个世界也许是不公平的，但也不是永远偏心的。女人不一定非得比男人努力，但不努力却无疑是在“自残”。买一万个保险，不如守住这一个“保险”实惠：不怕你穷、笨、丑，就怕你不够勤恳。